改变物理学思想的
八个方程

杨建邺　著

商务印书馆
The Commercial Press
创于1897

图书在版编目（CIP）数据

改变物理学思想的八个方程 / 杨建邺著 . —北京：
商务印书馆，2020
ISBN 978-7-100-18631-5

Ⅰ. ①改… Ⅱ. ①杨… Ⅲ. ①数学物理方程—通俗读
物 Ⅳ. ① O411.1-49

中国版本图书馆 CIP 数据核字（2020）第 096642 号

改变物理学思想的八个方程
杨建邺 著

商 务 印 书 馆 出 版
（北京王府井大街 36 号 邮政编码 100710）
商 务 印 书 馆 发 行
北京市十月印刷有限公司印刷
ISBN 978 - 7 - 100 - 18631 - 5

2020 年 8 月第 1 版 开本 710×1000 1/16
2020 年 8 月北京第 1 次印刷 印张 14¾
定价：48.00 元

序　言

在物理学开始出现的时候，物理学并没涉及数学，当然物理学里也就没有出现数学方程式，而只是纯文字的叙述。到法国数学家和物理学家勒内·笛卡儿（René Descartes，1596—1650）开始研究物理学的时候，他首开先河在物理学中引入数学，但是他像柏拉图（Plato，公元前427—公元前347）一样，对数学的推理性过于迷信。

著名物理学家和科普作家斯蒂芬·温伯格（Steven Weinberg，1933—　　）在2015年写了一本非常著名的科普著作《给世界的答案：发现现代科学》（*To Explain the World: The Discovery of Modern Science*），在这本书中，温伯格给予笛卡儿很高的评价：

笛卡儿对科学做出了重要贡献。这些贡献作为附录发表于《正确思维和发现科学真理的方法论》中，分三个标题：几何、光学和气象学。在我看来，能够真正代表笛卡儿对科学的积极贡献的，不是他的哲学著作，而是这些附录。

笛卡儿的最大贡献是发明了一种新的数学方法，现在被称为解析几何（analytical geometry），即用方程式来表示曲线或曲面，曲线或曲面上所有点的坐标均满足该方程。一般说来，坐标可以是给出某一点位置的任何数字，例如经度、纬度和海拔高度，但有一种特殊的类型被称为"笛卡儿坐标系（直角坐标系）"，它们是从一个固定中心点在三个相互垂直的方向上到某一点的距离。例如，解析几何中半径为 R 的圆是其上各点满足方程 $x^2+y^2=R^2$ 的一条曲线，其中坐标 x 和 y 为圆心在两个相互垂直的方向上到该点的距离……用字母表中的字母代表未知距离或其他数字是一项非常重要的应用，最早由 16 世纪的法国数学家弗朗索瓦·韦达（Francois Viete，曾担任朝臣，在战争中破译敌军密码）提出。但韦达表达方程的方式仍是文字，代数的现代形式及其在解析几何中的应用始于笛卡儿。

在笛卡儿之后，对物理学做出最大贡献的是英国物理学家艾萨克·牛顿（Issac Newton，1643—1727）。牛顿是一位物理学家，但也是一位伟大的数学家。他和德国数学家莱布尼茨（Gottfried Wilhelm von Leibniz, 1646—1716）几乎同时发明了伟大的微积分，从而使现代物理学能够迅速建立起来。温伯格对此写道：

> 而在此领域具有重大历史影响的，是牛顿的运动理论和引力理论。人们不难猜测，使物体落向地球的重力随着物体到地心距离的减小而减小，虽然我不知道任何人曾明确地提到过这一点。另一方面，这种力与行星运动之间是否有关系却远非显而易见。使行星保持在其轨道上运行的力与行星到太阳距离的平方成反比这一观点，最早可能由法国神父伊斯梅尔·比利亚尔度斯（Ismael Bullialdus）于 1645 年提出，他后来被选入英国皇家学会，其成果也为牛顿所引用。但正是牛顿让众人相信了这一观点，并把这种力与重力相联系。

50 年后，牛顿描述了他开始研究引力的过程。尽管需要对他的叙述做出很多说明，我依然觉得有必要在此引用，因为这毕竟是牛顿亲自描述这一看似人类文明史转折点的事件。据牛顿所述，那是在 1666 年：

"发现了如何估算球面内旋转的一个球对内球面施加的

压力之后，基于开普勒的行星公转周期与行星到轨道中心的距离成 3/2 次方比例的规则，我开始想到力会延伸到月球轨道。我推断使行星保持在其轨道上运行的力必须与行星到旋转中心距离的平方成反比。我进而对使月球保持在其轨道运行的力与地球表面的重力进行了比较，发现两者的结果很接近。这一切（包括我对无穷级数和微积分的工作）都发生在 1665—1666 年——瘟疫肆虐的两年。那段时间是我在发明方面的全盛时期，对数学和哲学的关注超过此后的任何时期。"

牛顿引力定律的数学表达式是：

$$F=G\,\frac{m_1 m_2}{r^2}$$

这个数学公式是人类最重要的方程式之一——万有引力方程（The equation of gravity）。

但是，由牛顿等物理学家发现的这个伟大的方程式，却比人类还要聪明得多！以后在人类继续发现围绕太阳运转的行星的时候，人们多次怀疑这个方程式的正确性。但是，最后证明这个方程式没有错，错的是人类自己不够相信这个伟大的发现！

类似这样的事件，即错误地不相信人类自己发现的方程式，在牛顿以后的物理学研究中，又继续不断地发生；而且可以预言，以后这样的错误还会不断地发生，只是由于历史的教训，类似的错误要可能发生得少一些，影响程度也应该轻微一些。

这本书回顾这些历史事件，不仅仅很有趣，而且会给我们带来很大的教益。

只是作者历史知识水平有限，不到之处一定不少，务请读者和专家们不吝指正！

2017 年 2 月 24 日

目　录

一、天上与地下力的统一
——牛顿的万有引力方程

$$F=G\frac{m_1 m_2}{r^2}$$

这就是牛顿的万有引力方程。

F 是万有引力的大小，G 是万有引力常数，m_1 表示某个物体的质量，m_2 代表与 m_1 相吸引物体的质量，r 表示这两个物体之间的距离。

如果今天你问问物理学家对于宇宙结构的了解，他们会告诉你，最后的最后就是一组方程式，包括牛顿的运动方程式，刚才讲到的麦克斯韦方程式，以及爱因斯坦的狭义和广义相对论方程式、狄拉克方程式和海森伯方程式。这七八个方程式就"住在"了我们所看见的一切一切里，它们非常复杂，有的很美妙，有的则不是那么美妙，还有的很不容易被人理解。但宇宙结构都受这些方程式的主宰。

——杨振宁："美在科学与艺术中的异同"

在讲到牛顿的时候，杨振宁还讲过：

牛顿虽然知道自己的《自然哲学的数学原理》是一项极

漂亮的工作，但他不可能意识到自己的工作将会改变人类对物理和生物世界基本结构的理解，会永远地改变人类与环境的关系。

力学是一门最古老的科学，它的产生和发展与生产的发展紧密相关，因而可以追溯到遥远的古代。但是，将力学的经验性知识总结起来，用科学的方法将其上升到完整的经典力学体系，则只可能在17世纪完成。这有着多方面的原因。

首先，欧洲资产阶级势力从15世纪下半叶开始逐渐抬头，到17世纪时，资产阶级在英国和荷兰已取得了政治上的胜利，资本主义机器生产亦随之急剧发展，从而大大促进了力学的发展。马克思曾指出这种促进作用："机器在17世纪的问世或应用是极其重要的，因为它为当时的大数学家创立现代力学提供了实际的支点和刺激。"

其次，人们逐渐掌握了近代的科学思想方法。从培根（Francis Bacon，1561—1626）倡导了实验归纳法和笛卡儿倡导了理性演绎法以后，人们才认识到科学实验和数学演绎的重要性。这两种方法的结合，对近代科学，首先是力学的建立起了至关紧要的作用。伽利略（Galileo Galilei，1564—1642）在这方面的贡献最令人瞩目。

再者，学会和学院的纷纷建立，有力地推进了科学的发展。欧洲第一个正式的科学院大约应首推林赛科学院，该院于1603年在意大利罗马宣告创立，其活动一直延续到1630年。伽利略亦为该科学院成员。1651年，在意大利佛罗伦萨又创立了西芒托学院（Academia del Cimento）。在英国，1645年就有学者们组成所谓"无形学院"（invisible college），并经常举行集会以交流、研讨自己的研究成果，互通信息；1662年，英王查理二世正式批准成立"皇家学会"（Royal Society），法国亦不甘落后，于1666年由法国国王路易十四创立巴黎科学院。除学院先后创立以外，最早的科学期刊《学人杂志》于1665年在巴黎问世。

英国著名物理学家齐曼（John Ziman，1925—2005）曾就英国皇家学会的作用做出如下评论：

> 我们认为，皇家学会作为科学界聚会的场所确实是重要的。从此，学者不再是孤独的个人，他们共同属于一个被公认的社会组织。……新的学会立刻成了交流科学知识的中心。从这时起，我们可以把科学看作是一种有组织的社会活动。

最后，有关力学、数学和天文学方面知识的进展，为17世纪建立较完备的力学体系，已经做好了必要的准备。

许多著名的科学家，为牛顿力学体系的建立做出过重要贡献，其中包括伽利略、开普勒（Johannes Kepler，1571—1630）、布里阿德（Ismaël Bulliadus，1605—1694）、惠更斯（Christiaan Huygens，1629—1695）、胡克（Robert Hooke，1635—1703）以及哈雷（Edmond Halley，1656—1742）等人。但集其大成、最终完成物理史上第一次伟大的统一的是牛顿。

由于牛顿的巨大贡献，很多科学史家和物理学家就干脆把经典力学称为牛顿力学了。

1. 光荣从黑暗中迅速生长

1642年1月，伽利略走完了他那曾达到荣誉顶峰但又备受折磨的人生旅途，在阿克瑞特的小山庄孤寂地离开了人世。

伽利略的一生，是追求真理、追求科学统一的一生。在他一生的遭遇中，他承受了追求统一的双重艰苦磨难：一方面是统一的新理论与传统的亚里士多德学派旧理论相冲突、与宗教信条相悖，因而他受到权势者无情的迫害；另一方面，在构造新理论时，他要向一千多年的旧传统挑战，这不仅要随时克服自身因循旧习的观点，

意大利物理学家伽利略

而且在从这些数不清的陷坑中拔身时，还得确定一些从未有的，或者曾经有但却是模糊、歪曲甚至错误的新概念。

伽利略的伟大，恰好在于他勇敢地承受了这双重艰难，并且胜利地克服了横亘在前进路程上无数的困难和折磨，为物理史上第一次伟大的统一奠定了坚实的基础。在科学史上，他被尊为"近代物理学的创造人""实验物理学之父"，这是完全合乎历史发展轨迹的。因为，他用数学和测量，对物理现象进行定量（及定性）分析，并在此基础上进行理论上的概括，这就使他所研究的物理学与亚里士多德学派的物理学有着本质上的不同。

下面我们分两部分来介绍伽利略的贡献以及他的思想方法。

（1）强调观察与测量——天文学方面的贡献

1581 年，伽利略秉承父意进入比萨大学（University of Pisa）念医科，但他的兴趣却在数学和物理学方面，所以他在 1584 年退了学，追随数学家里希（Richy）学习数学。1589 年，25 岁的伽利略被聘为比萨大学数学教授，1592 年，转入威尼斯的帕度亚大学（Università di Padova）执教。

到帕度亚大学后不久，他开始对天文学发生了兴趣。帕度亚大学藏书颇丰，他发现了当时被人们冷落的哥白尼的著作《天体运行论》（De Revolutionibus Orbium Coelestium）。认真研读了这本令他大为激动的书后，他写信给他的好友开普勒说："我已经改变我的信仰，我开始相信哥白尼的学说。用他的理论可以解释很多现象，而这些现象绝非其他假说所能解释。"

从此，伽利略踏上了科学探索的征途，这条征途在日后既给他

带来荣誉、地位和财产，也给他带来了
人间难以忍受的迫害、侮辱和孤独。

1610 年 3 月，伽利略通过自己制作的
望远镜所做的天文观测，写了一本小册子
《星际信使》（*The Starry Messenger*），
将自己的观测做了详细介绍。他在书中指
出："月亮的表面，同多数哲学家的看法
相反，并不是平坦、均匀的圆球形，而是
凹凸不平的、粗糙的。同地球表面一样，
充满了沟壑和峰脊，分布着一系列的高山
和深谷。"

亚里士多德

观察木星时，他发现天空中在木星周围有三颗卫星运动，正像
金星和水星绕着太阳运动一样。

金星和水星绕太阳转动，是伽利略通过望远镜发现的，他还发
现，金星在绕太阳转动时，也像月亮一样出现盈亏现象。此外，他
还观测到太阳表面上有黑点，还预言一颗"新星"会逐渐消失。

这些发现，对亚里士多德学派的学说是一个沉重的打击。在欧
洲，直到伽利略所处的时代为止，亚里士多德的时空观、宇宙观一
直是占统治地位的。那时人们普遍认为，要想获得知识，唯一的方
法是精心研读亚里士多德原著以及数不清的注释作品。所以，意大
利诗人、《神曲》的作者但丁（Dante，1265—1321）将亚里士多
德称为"众人之师"，是不奇怪的。

亚里士多德学派的理论认为，地球位于整个宇宙的中心，整个
宇宙由绕地球的七个同心球壳组成，月亮、太阳、行星以及恒星分
别在不同的球壳上，围绕地球做完美、高贵的圆形运动。从历史的
观点来看，我们不能不承认亚里士多德在两千多年前，就敢于对宇
宙给出一个统一的解释。并敢于承认地球是一个球形，是很了不起
的。这就是说，在亚里士多德的宇宙模型里，空间在方向上是平权

的，是等价的，不存在一个什么优越的方向，这无疑是科学的空间观一个巨大进步。但亚里士多德的空间虽然是各向同性，却是不均匀的，其中有某些位置具有某种绝对的优越性。例如：地球的球心是宇宙的中心，是一个绝对静止不动的原点；而且宇宙空间还分为"月上"（比月球远）和"月下"（比月球近）两个全然不同的部分，在这两个不同的世界里，物体遵循着完全不同的运动规律。"月上"的物体如太阳、月亮、恒星、行星等"天体"，在天球上做匀速圆周运动；而"月下"的物体（即地面附近的物体）则向地球中心做落体运动。这就是说，空间各点的位置是不等价的，运动的规律是不统一的。

亚里士多德的理论，在伽利略之前虽然受到过零星的批评，但尚未形成严重的危机。现在，伽利略却以无可辩驳的观测证明，地球并不是宇宙中所有天体的转动中心。天上诸星体例如月亮和太阳，也并非如亚里士多德所说的那么完美，上面也有凸凹不平，甚至还有黑点；天空也不是永恒不变的，新星的产生、消失就是明证……伽利略这些天文学上的重大发现，终于使亚里士多德理论体系面临全面的崩溃。

遗憾的是，伽利略由于没有突破"月上"和"月下"物体遵循不同运动规律这一传统思想，所以他没有能够发现宇宙所有物体均遵守同一运动规律（万有引力定律）。但他已经做出的发现，无疑是牛顿伟大发现的重要出发点。

（2）数学和实验——落体定律的发现

伽利略除了在天文学上做出过重大发现以外，在力学上他还为动力学理论奠定了基础。在伽利略之前，静力学虽然取得了一定的成就，但对于运动的观念，却仍然承袭亚里士多德的那一套。

亚里士多德哲学的根本目的是探讨"为什么"，例如：宇宙为什么是我们见到的这种样子而不是另外一种样子？为什么这种样子最好？显然，这样向自然界发问，就必须探究事物的原因及其终极目的。基于这样一种探索动机，亚里士多德便把运动分为天然运动（nature motion）和强迫运动（forced motion）两种。所谓天然运动就是每个物体都各有其天然位置，其天然倾向是重者下落，轻者上浮。如果物体被强迫移动以后，在没有外界阻挡时，每个物体一定要回到各自的天然位置上去。地面附近的重物其天然位置在地球中心，因此它们的天然运动就是落体运动；在"月上"区域里，天体的天然位置在天球上，因而它们的天然运动是随着天球做匀速圆周运动。

这种探索自然奥秘的方法，正如英国学者德雷克（Sir Francis Drake，1540—1596）所说：

> 这样，逻辑规则建立起来了，由这些规则我们可以从见到的自然结果中推断出原因；原因只能得自于推理，而不能由感觉、经验获得。

德雷克的精辟见解，真是入木三分！尤其是"原因只能得自于推理"这句话，真把亚里士多德研究的方法说得再准确也不过了。对于亚里士多德来说，科学只能够从事物的原因来进行研究，而这些原因又"只能得自于推理"，而不能由经验、测量直接给出。这是什么意思呢？我们举一个上面讲过的例子来说明。

假如我们要研究石头从空中下落的运动，按伽利略提倡的方法（也是我们现在研究的一般方法），我们应该进行观察和测量，以得到速度、距离和时间的关系。但亚里士多德的研究方法不是这样，他要问的不是石头"怎么样"（how）下落，而是石头下落的"原因"，即石头"为什么"（why）要下落。在讨论下落的"原因"时，亚里士多德认为，因为万物都要回归到它们的"天然位置"上去，而石头的"天然位置"是地球，因此它就要从空中向地面落下。在这种研究中，根本用不着观察和测量，只要根据一些令人莫明其妙的"原因"进行推理就行了。

亚里士多德还认为，由这种所谓"逻辑推理"（logical reasoning）所得到的知识，才是真正的"理论"（episteme），才是正儿八经的、真正的科学；相反，由经验和测量得到的知识，只不过是"技艺"（techne）。"技艺"是属于三教九流之类的东西，不能登科学的大雅之堂。

不过，亚里士多德也不完全轻视由经验获得的知识，但他把"技艺"和"理论"分开，认为两者根本不能相提并论，认为技艺与真正的科学知识无关；因此毫不奇怪，在亚里士多德的《物理学》中根本没有测量的地位。中世纪的物理学家们似乎也谈到测量，但都只限于抽象地论述测量，他们根本没有打算对运动物体的诸如速度、时间、位置等必需的物理量做任何实际精确的测量。由此可以想到，摆在伽利略面前的困难是何等的艰巨！一方面他要批判旧的陈腐的"理论"，另一方面他要把"真正科学家"瞧不起的测量引入物理现象的研究之中，以探索定律代替追寻原因，并确定哪些量是应该测量和可以测量的。除此以外，我们更不能忽视的是，旧的"理论"观对伽利略影响颇深，他得随时随地与自身的陈旧观念做理智上的斗争。

伽利略抓住落体（falling body）问题，对亚里士多德的理论进行了反击。亚里士多德认为物体越重下落越快，因为物体越重则它回归到自己天然位置的"愿望"就越迫切。为了驳倒这一错误的看法，伽利略使用的反驳方法正好是亚里士多德推崇的推理的方法。伽利略首先发问道：如果我们将一件重物与一件轻物捆在一起，从高处令其自由落下，这个联合体下落的快慢将如何呢？按亚里士多德的观点，一方面轻物将会影响重物下降的快慢，故联合体落地时间将比其中重者单独自由下落要慢；但另一方面，联合体作为一个整体，它的重量肯定大于重者单个的重量，因而联合体下落又应该比重者单独自由下落要快。这是完全自相矛盾的结果。由此伽利略写道：

> 亚里士多德说，"一个一百磅重的铁球从一百腕尺高的地方落下到地面时，一磅重球才落下一腕尺"。但是我说，这两个球要同时落地。

伽利略还注意到由于空气摩擦的存在，两球同时降落地面可能有一个小的差异，所以他接着指出：

> 你在做实验时将发现，小球比大球落后两指宽……现在你既不应该在这两指宽的后面暗藏亚里士多德的 99 腕尺，也不应该在提到我的小误差的同时，默不作声地放过他那个大错误。

这一论证是非常非常成功的，有力地批判了亚里士多德荒谬的见解。但人们仍然不清楚物体到底怎样自由下落。伽利略着手研究这一问题时，逐渐认识到测量的重要性，并进而认识到数学对物理研究是不可缺少的。正是因为他掌握了数学和测量这两种重要的研究手段，所以他才在历经困境之后，认识到加速度（acceleration）的重要价值，并将运动分为匀速运动（uniform motion）和变速运动（variable motion）两种。

有了加速度这个重要的概念，真正的动力学（dynamics）才可能建立起来。英国伟大数学家、哲学家伯特兰·罗素（Bertrand Russell，1872—1970）曾就加速度概念的提出说：

> 加速度的基本重要性，也许是伽利略所有发现中最具有永久价值和最有效果的一个发现。

人类对于自然运动的认识，终于因此迈出了困难和关键的一步。

历史资料表明，伽利略 1591 年在比萨大学任教时，开始研究自然运动中的速度。非常有意思的是，在这之前连速度的定义都没有，更不用说测量它了。1591—1592 年，伽利略写下了《论运动》一书。在这本书里，伽利略基本上采用的还是亚里士多德研究问题的方法，仍然是探究原因，这样当然就谈不上根据实际测量推导出什么东西，"理论测量"〔相当于现在的"思想实验"（thought experiment）〕在论证中占了主导地位。当伽利略在书中第一次讨论斜面物体运动时，他根本没有重视加速度，只根据一种所谓因果理由断定：加速度只在由静止开始下落的瞬间产生，但此后速度如何变化他并不关心，他关心的是，对给定的重物而言，在不同斜面上运动的匀速度是不同的，这种速度由重量在垂直方向上的分量来决定。由于这些论证是纯推理的，所以导致了一些错误的结论。

直到 1602 年，他通过对摆的研究，才注意到在物体下落运动时加速度的重要性和运动的连续性，并因此开始由早期因果推理的研究方法，转向由实验、测量的全新的研究方法。这时，十年来的探索，使他已经具备了许多关于实际测量的知识，他不只是做一些实验，而是想办法来测量以前不能测量的物理量，如时间、速度，等等。但应指出的是，即使到了 1602 年，他仍然没有完全抛弃"数学不适用于物质科学"这一陈腐的传统观点。

通过音乐的节拍，他可以把时间判断精确到 $\frac{1}{50}$ 秒以内，从而对速度的测量也就不在话下了。1603 年，他又开始研究加速度。在伽利略之前，人们都认为速度增大是"逐级跳跃式"的，即物体以某一速度做一段时间的匀速运动后，突然跳跃到另一速度，然后又做一段时间速度比跳跃前更大的匀速运动，又突然跳跃……开始，伽利略也持这种观点，但不久就放弃了。1604 年，他用坡度很小（小于 2°）的斜面来减小重力的作用，以测量物体在斜面上的运动。结果他发现：从静止开始，物体下滑的距离随所用时间呈平方级增长。但紧接着他又用旧的研究方法，犯了一个错误，他根据一种错误的前提，不是用测量而是用推理的方法推出：物体在斜面下落的速度与通过的距离成正比。后来，伽利略花了三年多的时间才认识到这一结论是错误的。大约到了 1609 年，伽利略终于完成了著名的"斜面实验"，实验的结论是：

> 速度与降落的时间成正比；下落的距离与时间的平方成正比。

这就是每个高中学生都熟知的"自由落体定律"（law of free falling body）。直到这时，伽利略才基本摆脱了亚里士多德目的论的研究方法，认识到测量是研究物理的一把钥匙。现代研究物理学的方法，终于被伽利略发现和确立。

此后，伽利略又进一步研究了斜面运动。当小球从一高 h 的光滑斜面 1 上滚到对接的另一光滑的斜面 2 上时，不论这另一斜面 2 坡度如何，小球几乎总会滚到相同的高度 h 上。伽利略由此推想，如果对面斜面 2 的坡度越来越小，小球就会越滚越远，当斜面 2 放平并无限伸展时，这小球由于永远不能达到 h 这一高度，它势必会以滚到斜坡底的速度，一直沿平面（在伽利略看来实际上是地球的球面）无止境地运动下去。这一运动就是惯性运动（inertial motion）。上面一段文字，实际上就是惯性定律原始的、不严密的表述。

惯性定律的建立，为经典力学奠定了坚实的基础，人们至此才明白，一种运动竟然在不需外力的作用下也能永远持续地运动下去，原来：

> 力并不是运动的原因，而是运动变化的原因。

1632 年，伽利略出版了《关于托勒密和哥白尼两大世界体系的对话》（*Dialogue about Ptolemy and Copernicus Two World*

System，通常简称为《对话》）一书。在这本书里，伽利略确立了一条原理，即伽利略相对性原理（relativity principle），这条原理对以后物理学发展有重大的意义。在伽利略时代，经典物理学在否定亚里士多德的时空观时，发生过一场激烈的争论。维护亚里士多德时空观的一派认为地球是静止的，这一派叫"地静派"；赞成哥白尼学说的人则主张地球是处于不断运动的状态之中，这一派则叫"地动派"。地静派提出一条极有力的反对理由：如果地球在不断运动，为什么生活在地球上人却一点儿也没有这种感受呢？这一反对理由在伽利略之前的时代，曾使很多赞成地动说的学者感到困扰和不知所措。在《对话》一书里，伽利略借萨尔维阿蒂之口对这一难题做了精彩的回答：

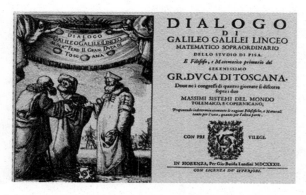

《关于托勒密和哥白尼两大世界体系的对话》最初版本封面

　　把你和一些朋友关在一条大船甲板下的主舱里，再让你们带几只苍蝇、蝴蝶和其他小飞虫。舱内放一只大水碗，其中放几条鱼。然后，挂上一个水瓶，让水一滴一滴地滴到下面的一个宽口罐里。船停着不动时，你留神观察，小虫都以等速向舱内各方向飞行，鱼向各个方向随便游动，水滴滴进下面的罐中，你把任何东西扔给你朋友时，只要距离相等，向这一方向不必比另一方向用更多的力。你双脚齐跳，无论向哪个方向跳过的距离都相等。当你仔细地观察这些事情之后，再使船以任何速度前进，只要运动是匀速，也不忽左忽右地摆动，你将发现，所有上述现象丝毫没有变化。你也无法从其中任何一个现象来确定，船是在运动还是停着不动。即使船运动得相当快，在跳跃时，你将和从前一样，在船底板上跳过相同的距离，你跳向船尾也不会比跳向船头来得远。虽然你跳到空中时，脚下的船底板向着你跳的相反方向移动。你把不论什么东西扔给你的同伴时，不论他是在船头还是在船尾，只要你自己站在对面，你也并不需要用更多的力。水滴将像先前一样，滴进下面的罐子，一滴也不会滴向船尾。虽然水滴在空中时，船已行驶许多柞①。鱼在水中游向水碗前部所用的力并不比游向水碗后部来得大；它们一样悠闲地游向放在水碗边缘任何地方的食饵。最后，蝴蝶和苍蝇继续随便地到处飞行，它们也决不会向船尾集中，并不因为它们可能长时间留在空中，脱离开了船的运动，为赶上船的运动而显出累的样子。

萨尔维阿蒂大船以及船内各种运动与平地上一样

用现代物理学的语言来说，伽利略《对话》中的萨尔维阿蒂大

---

① 柞（span），古代长度单位，1 柞等于 9 英寸，约为手伸开时大拇指指尖到小拇指指尖的距离。

船（Salway Artie a great ship），实际上就是一个惯性参照系（inertial reference system）。伽利略相对性原理告诉我们，所有的惯性参照系都等价，因而拥护地静说的人对地动说的非难，是站不住脚的。伽利略相对性原理的重大价值从下面的事实可以清楚地看出：当近三百年后爱因斯坦建立相对论时，许多经典力学的概念都需要彻底纠正时，但这一原理不仅没有做任何修正，反而被上升成为狭义相对论（special relativity）的两条基本原理之一。

伽利略除了对天文学、力学做出了许多贡献，为物理学第一次伟大的统一奠定了基础以外，还有一项更加宝贵的贡献，那就是发现并利用了近代科学的研究方法。没有这一正确的研究方法，此后物理学的发展和统一，都是不可能实现的。

伽利略认为，科学的研究方法是实验归纳与数学演绎相结合的方法。虽然英国学者培根在这方面做过论述，但将这一方法如此有成效地应用于科学研究，只能首推伽利略。

伽利略深信：

> 自然这本书是用数学符号写成的，没有数学知识，人们就不可能理解这本书。

这种看法，既不同于柏拉图的看法，也不同于亚里士多德的看法，前者提倡纯数学，认为数学高于物理，而后者则认为数学运算与物理是不相容的，但伽利略却认为数学可以作为研究物理学的有效工具。伽利略还认为，即使计算与实验观测有不一致之处，也不能像柏拉图那样彻底地褒一个贬一个。观测与数学计算的不符合，也许正说明我们的考虑有某些不到之处，我们没有任何理由或贬低数学，或贬低观测。

伽利略为了能用数学描述动力学，他首先将物理学研究的范围限定在观测那些可测量的质上，即他所说的"第一性的质"（the

primary mass）上，因为在不可测量的范围里，数学是无用武之地的。为此，他对亚里士多德最感兴趣的"最后因"不予考虑，而首先考虑可以用数学处理物体运动在时间和空间中的相关性。正因为有了时间和距离，动力学也才有了生存下去的机会。此后，时空就一直成为物理学中最重要的物理量了。

为了同一目的，伽利略十分强调理想化对物理研究的重要性。因为有些量虽然在原则上是可以测量的，但暂时无法测量，或者不是起根本作用的量，这时就可以将它们略去。例如，在测量物体自由下落时，空气阻力就可以忽略不计，因为从比萨斜塔上落下的物体，落下的高度不大，空气阻力起的作用比较小，可以不考虑；再例如物体在斜面上下滑时，物体与斜面的摩擦力也暂时忽略不计，这是因为伽利略把斜面制得尽量光滑，即便有摩擦力，也因为作用不大，可以忽略，不予考虑。事实上，只有经过这样理想化的处理，伽利略才有可能建立一些数学公式，表达物体运动的规律。他还认为，这样推出的数学公式是"强有力"的，因为从这些公式里可以推出"以前没有观察到的事情"，并且可以用实验证实。我们可以举一个绝妙的例子。

伽利略在研究斜抛物体的运动时，得到了一个斜抛运动的数学公式，这个公式是一般的通用公式。当他把这个公式用到斜抛角度为45°时，这时抛出的距离应该最远。这个结论，以前没有任何人知道，即便是射击教练，也没有想到这一点。这个结论纯粹是由数学公式演绎出来的；后来，实验也证明了这一结论，当大炮以45°仰角射击时，的确射得最远！通过亲身的实践，他深感数学演绎比单纯的经验归纳优越，在科学研究中认识到并具体运用这一方法，对科学研究是至关紧要的。他曾满怀信心地说：

> 我们可以说，这是第一次为新的方法打开了大门，这种将会带来大量奇妙成果的新方法，在未来的年代里，将会得到更

多人的重视。

2. 哲学家笛卡儿

笛卡儿是法国著名的哲学家、数学家，也是一位自然科学家。英国哲学家和数学家伯特兰·罗素说：

　　他是第一个禀有高超哲学能力、在见解方面受新物理学和新天文学深刻影响的人。固然，他也保留了经院哲学中许多东西，但是他并不接受前人奠定的基础，却另起炉灶，努力缔造一个完整的哲学体系。这是从亚里士多德以来未曾有的事，是科学的进展带来的新自信心的标志。他的著作泛发着一股从

勒内·笛卡儿

柏拉图到当时的任何哲学名家的作品中全找不到的清新气息。

　　因而罗素认为，把笛卡儿看成近代哲学的始祖是对的；但在科学方面，笛卡儿的成就虽然也值得称道，但不如同时代的一些科学家。

　　笛卡儿对自然科学研究的目标是"不仅说明一个现象，更要说明整个自然"，要从一些"基本原理推演出一系列别的真理"。伽利略的物理学所研究的是用怎么样运动代替追寻原因，只研究局部运动，而不打算在原因上去做解释。伽利略明确地说：

　　现在似乎不是我着手研究自然运动加速度原因的适当时机，许多哲学家对此有着各种不同的意见。但是，对原因以及

与这些类似的其他幻想作为研究对象，似乎不会有多大收效。

笛卡儿坚决反对伽利略的研究方法，他和许多哲学家（包括现代某些哲学家）一样，认为不探求原因的科学，简直是不可思议的；在他们看来，不寻求原因的科学肤浅得似乎不值一提。正是由于笛卡儿对自然科学持这种几乎是经院哲学的态度，使他对当时的物理学的发展，既做出过重大贡献，也由于不恰当地、过早地追寻终极原因，妨碍了物理学的发展。

1644 年，笛卡儿的重要哲学著作《哲学原理》（*Principles of Philosophy*）出版。在这本书里他提出了一个运动论的基本命题："物质有一定量的运动，这个量是从来不增加也从来不减少的。"这一命题后来演变为动量守恒定律。他认为动量由物体的大小和速度之积给出，但是由于笛卡儿还没有矢量的概念，而且质量还没有准确的定义，所以他的动量的定义还十分粗糙，其准确定义是后来由惠更斯、牛顿完成的。

笛卡儿实际上是把动量守恒定律作为运动的基本原理看待的。以这一基本原理为前提，笛卡儿还提出了三条定律，其中第一、第二定律是惯性定律，第三条是碰撞定律。

关于惯性定律我们在这儿应该稍微详细论述，因为它对于后来牛顿完成物理学第一次伟大的统一至关重要。英国科学史家亥瑞弗曾指出："牛顿是从笛卡儿而不是从伽利略那里得出惯性定律。"这一方面是因为伽利略没有像笛卡儿那样谈到普遍的惯性定律，而且当他提到惯性定律时，他还错误地认为匀速圆周运动也是惯性运动。笛卡儿的伟大贡献就在于他宣称：惯性运动的物体永远不会使自己趋向曲线运动，而只会保持在直线上；也就是说，只有匀速直线运动才是天然的惯性运动。有了正确的惯性定律，惠更斯才能进一步得出向心力及其计算公式，牛顿也才能最终建立他那正确的力学体系。

17

　　既然笛卡儿认为匀速直线运动才是惯性运动，那他就必须回答：行星受了什么样的作用力，才改变匀速直线运动而做圆周运动？笛卡儿认为，自然界的力只有通过物体间的相互接触才能发生相互作用，他反对超距作用力，否认真空，因此他认为宇宙间应该被某种物质所弥漫——他称之为"以太"（Ether 或 Aether）。上帝创造了混沌状态，赋予它们基本的力学规律，以后这些物质就参与一种庞大的旋涡运动（vortical movement）。在这种运动中，太阳、星体、地球以及弥漫于宇宙空间的以太，这些星体以及各种物体均处于不同的旋涡之中，正是这种旋涡产生的吸引力使石块下落，也破坏了星体的惯性运动，迫使它们做圆周运动。

　　笛卡儿试图将天体和地面的运动纳入一个统一的力学体系，并认为宇宙可以进化发展，这对人类认识自然界的统一，是一个了不起的贡献。但笛卡儿的理论有一个重大缺陷，那就是它只是一个定性的思辨性理论，没有定量的证明。他不仅没有定量地解释过任何一个简单的物理现象，甚至鄙视这种解释。在笛卡儿之前，德国天文学家开普勒已经由精确的观测，发现了行星运动三大定律。由于开普勒三大定律是由观测得到的定律，是行星自身的运动规律，按现代科学观点，笛卡儿的"理论"首先就应该可以解释开普勒三大定律。

　　理论应该受到实践的检验！

　　但是笛卡儿根本没有把开普勒三大定律放在眼里，他认为他的"理论"才是最重要的，能不能解释开普勒的观测结论，根本没让他操过心。在笛卡儿看来，观测应该符合他的理论，而不是他的理论应该受实践的检验。因此，在某种程度上，它又恢复了亚里士多德的研究物理学的方法，从而严重阻碍了物理学的健康发展，以至于旋涡说流行近百年后，才最终被牛顿的运动理论所代替。

　　法国文学家、哲学家伏尔泰（Voltaire，1694—1778）曾这样

18

评论笛卡儿：

> 他不研究自然，却要推测自然。他是他那个时代的最伟大的几何学家；但是几何学并不改变人的精神。笛卡儿的精神过于着重发明。这位数学家中的第一人，在哲学上只做了些幻想。一个看不起实验、从来不引证伽利略而要想凭空建筑的人，只会修起一座空中楼阁来。

伏尔泰还深刻指出：

> 应该承认……并非他没有足够的天才；正相反，正是因为他依靠了他的天才而不用实验和数学：他本是欧洲最伟大的几何学家之一，他却抛弃了他的几何学而只相信他的想象力。所以他不过是用一团混沌代替了亚里士多德的另一团混沌。结果他把人类思想的进展拖迟了五十多年。

科学的历史如同所有其他历史一样，永远只能在崇山峻岭中弯弯曲曲地寻找自己的航道，迂回、曲折以及后退，都是不可避免的。但最终，历经弯曲的河流，终会奔向那蔚蓝色的大海！

3. 天空立法者——开普勒

约翰内斯·开普勒于 1571 年 12 月 27 日生于德国南部符腾堡州的韦尔镇。他的祖父曾当过家乡的行政长官，父亲是一位职业军人，母亲是一家旅馆主的女儿。开普勒自幼就为疾病所苦。3 岁时，天花不仅损坏了他的面容，使得他一只手半残，还损害了他的视力；同时，家境贫寒，使他饱受穷苦之累，有时穷得只能乞住于乡村旅店之中。9 岁时，为了生活他只好做用人，直到 12 岁才回到学校。

开普勒

但少年时期的开普勒，不仅没有被贫穷和苦难击倒，反而更增强了他刻苦读书的意志。1508 年开普勒 17 岁时进入图宾根大学。

在进大学以前，开普勒对天文学并没有表现出任何兴趣，他热衷的是神学，希望日后能当一个牧师。但在图宾根大学受到天文学教授马斯特林（Michael Mostlin，1550—1631）的影响，他的兴趣开始转向天文学，并接受了哥白尼的日心说。在大学求学期间，他甚至写了一篇论述哥白尼理论的短文。1591 年，开普勒以全班第二名的优秀成绩毕业于图宾根大学。毕业后，开普勒本来想在教会中找到一个职位，但由于他相信哥白尼学说，因而失去了担任教会职务的资格。

1594 年，在马斯特林的帮助下，开普勒在奥地利格拉茨大学（Karl-Franzens-Universität Graz，全称卡尔 - 弗朗茨 - 格拉茨大学，建于 1585 年）谋到一个天文学讲师的职务。从此，他把当牧师的想法抛到了九霄云外，一心一意开始研究行星问题。

爱因斯坦在 1930 年为纪念开普勒逝世 300 周年发表纪念文章《约翰内斯·开普勒》，文章中写道：

在像我们这个令人焦虑和动荡不定的时代，难以在人性中和在人类事务的进程中找到乐趣，在这个时候来想念起像开普勒那样高尚而淳朴的人物，就特别感到欣慰。在开普勒所生活的时代，人们还根本没有确信自然界是受着规律支配的。他在没有人支持和极少有人了解的情况下，全靠自己的努力，专心致志地以几十年艰辛的和坚忍的工作，从事行星运动的经验研究以及这运动的数学定律的研究。使他获得这种力量的，是他对自然规律存在的信仰，这种信仰该是多么深挚呀，如果我们要恰当地对他表示敬意并纪念他，我们就应当尽可能清楚地了解他的问题，以及解决这问题的各个步骤。

那么，开普勒如何寻找行星的运动规律？开普勒是一个彻底信奉毕达哥拉斯主义的学者，像古希腊哲学家毕达哥拉斯（Pithagoras，约公元前560—约公元前480）一样，他认为上帝按照完美的数字创造了世界，因而行星运动的真实动因，应该到隐含着的数学和谐中去找。他之所以相信哥白尼的学说，是因为日心说蕴含着追求宇宙数的和谐的精神。

五种正多面体带来的灵感

开普勒当时最感兴趣的问题是：为什么行星有六颗？（当时只发现了水星、金星、地球、火星、木星和土星六颗行星，其他行星是在他死后才发现的。）它们的轨道半径为什么恰好是8：15：20：30：115：195这样一个比例？

这似乎纯粹是一个数字游戏。可是你可别小看了"数字游戏"。从古到今，这种游戏总是给人一种巨大的美感和启迪，吸引着许多爱思考的人——想必也曾经吸引过您。

开普勒开始试着用平面几何图形的组合来猜出行星轨道的谜，但失败了。在1595年7月的一天，他突然来了灵感："啊，我多傻啊！行星在空间运动，我怎么在平面上画图呢？应该用立体图形。"思路一打开，很快就有了可喜的突破。

当时人们知道5种"规则的多面体"（即正多面体），希腊数学家还证明过，只可能有5种正多面体。开普勒马上想到，如果把5种正多面体与6个球形套合起来，不就有6个球吗？6个球恰好对应6条轨道，这实在是太美了，太妙了！开普勒相信，这一定就是只有6个行星的奥秘所在！

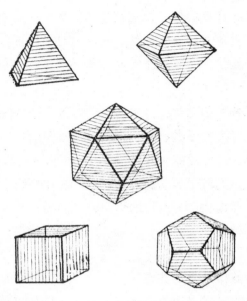

五种规则的正多面体。由欧几里得几何学证明，只有五种正多面体：
正四面体（左上）、立方体（左下）、正八面体（右上）、
正十二面体（右下，正十二个五角形）和正二十面体
（中，二十个等边三角形）

　　开普勒的方法是这样的：开始以一个球形作地球的轨道，在这个球形外面配一个正十二面体，这个正十二面体的十二个面与球形相切，十二面体外面作一个圆球，这个圆球是火星的运动轨道；火星球外面作正四面体，再在它外面作一个圆球，得出木星轨道；木星球外作一立方体，立方体外面的球就是土星轨道；在地球轨道的球形内作正二十面体，二十面体内的球形是金星的轨道；金星球内作正八面体，其内的球就是水星的轨道。根据这种方法得出各轨道半径的比，与观测结果"大体相同"，这使得开普勒非常兴奋，他说："我从这一发现中得到的愉快，真是无法形容！"

　　英国科学家杰米·詹姆斯（Jamie James）在《天体的音乐》（*The Music of the Spheres*）一书中也写道：

他开始向第三维跳跃的时候，最后的晴空霹雳震撼了他，完美的立体数字是五，正好是描述行星天体间的区间所需要的数字。这完美的立体，相当恰当地被称作毕达哥拉斯学派的立体和柏拉图的立体，这么叫是因为它们完美地左右对称；它们的正面都是相同形状和大小的有规则的多角形。这是几何的事实。

对于开普勒来说，这些多面体最漂亮和完美，因为它们最大可能地模仿了古希腊哲学家柏拉图在《蒂迈欧篇》（*Timaeus*）里被确认为神的形象的天体，这是一个开普勒接受为信仰的概念。开普勒非常兴奋地写道：

我永远无法用语言来描述我从自己的发现中获得的快乐。现在我再也不惋惜失去的时间，再也不厌倦工作，无论有多大困难，我也不回避计算。日日夜夜我不停地从事计算，直到我看见用公式的语言表达的句子与哥白尼的轨道完全吻合，直到我的欢乐被风吹走。我相信在这件事情上我已经正确地掌握了这个问题，我向全能而仁慈的上帝发誓，在第一个机会中我要把上

开普勒用五种正多面体说明
行星的运动

帝的智慧中这个令人惊叹的奇迹公布于世。尽管这些研究尚未终结，在我的基本思想中尚有某些不明确的结论，这些发现我可以为自己保留，至于其他可能的结论，如果有谁关注这个问题，他应该和我一道做出尽可能多的发现以荣耀上帝的名，并且一致歌颂以使赞美和荣耀归于全智全能的创始者。

后来开普勒在 1596 年底出版的《宇宙的奥秘》（*The Mystery of the Universe*）一书中又一次热情洋溢地写道：

> 七个月以前，我曾许诺写出一部将会使学者们认为是优雅的、令人惊叹的、远胜于一切历书的著作，现在，我把她奉献给你们。这部著作篇幅虽小，但都是我微薄努力的结晶，而且论述的是一个奇妙的课题。如果你们期望成熟——毕达哥拉斯在两千多年前就已经论述过这一课题。如果你们追求新奇——这是我本人第一次向全人类提出这一课题。如果你们要广度——再没有比宇宙更宏伟更广阔的了。如果你们向往尊严——没有什么能比上帝的壮丽殿堂更尊贵更瑰丽的。如果你们想知道奥秘——自然界中没有比这更（或从来没有比这更）具奥妙的了。只有一个原因使我的论题不能让每个人都感到满意，因为无思想者是看不到其用处的。

现在我们知道，开普勒所重视的五种正多面体图形与行星运动轨道只是巧合，而且即使在当时，与观测资料也并不完全符合。在更多的行星被发现以后，这种图形就变得一文不值了。正如杰米·詹姆斯所说：

> 开普勒追逐天体音乐的幻想是在浪费他的时间。对于一些像泡利这样的人，天堂就像坟墓一样寂静，并且是开普勒自己开创的"数学的逻辑思想"使它们变得沉默的。然而，显然开普勒的意图是用（或者在需要的地方发明）大部分现代天文的和数学的方法来挽救毕达哥拉斯学派的宇宙观。他的工作做得太好了；在开普勒之后，天体的音乐从科学中不可挽回地分开了，永远地退到模糊的深奥的幽深处。然而，开普勒是最后一位试图向这些隐秘处照射光亮的伟大的科学家。

我们切不可低估开普勒的这次可贵的努力，如爱因斯坦所说，"在根本没有确信自然界是受规律支配的"情形下，开普勒曾经勇于去寻找"规律"，这本身就很了不起；找到的立脚点不合适这是可以理解的。正多面体的设想虽然错了，但是他用具体的数字关系来研究天体运动规律，不能不说是一个伟大的创举。而且，他在此后的探索中，一直沿用这种美学上的思路，并且最终得到了不朽的"行星运动三大定律"！开创者披荆斩棘的艰辛，只有设身处地才能够体察到。

在《宇宙的奥秘》这本书里，开普勒除了为捍卫哥白尼学说做了很有说服力的论述以外，更可贵的是，开普勒在必要时可以毫不犹豫地打破哥白尼的惯例。例如，开普勒在研究行星轨道时，他以太阳作参考系，这对他后来伟大的发现极其重要。在他的这本书里，他还提出了一个极为含糊但很有启发性的想法：他认为太阳将沿着光线辐射方向给每个行星一种推动作用，使它们沿着各自轨道运动。这虽然是一个未必存在的观念，但却帮助他后来发现了一条重要定律。

1598 年，奥地利爆发了严重的宗教冲突，他只得逃到匈牙利。1599 年，开普勒把他的《宇宙的奥秘》一书寄给刚到布拉格的第谷（Tycho Brahe，1546—1601），并将自己的困境和疑难问题告诉了第谷。第谷这时正忙于观测火星，而且他对于开普勒的著作也十分欣赏，于是在几次通信后，第谷就邀请开普勒到布拉格共同工作。他信中写道："来吧，作为朋友而不是客人，和我一起用我的仪器观测。"

第谷临终正确的选择

开普勒与第谷一起工作，开始了科学史上最富有成效、最富有启发性的合作。他曾说："我认为，正当第谷和他的助手全神贯注研究火星问题时，我能来到第谷身边，这是'神的意旨'，我这样说是因为仅凭火星就能使我们揭示天体的奥秘，而这奥秘由别的行星是永远揭示不了的……"

温伯格曾经指出："在望远镜得到应用之前，第谷·布拉赫是历史上最优秀的天文观测家，他提出的理论或许是哥白尼理论之外最合理的天文学说。"

第谷对于自己的观测资料本来是保密的，从不让外人过目。但开普勒到他身边工作后，第谷很快就十分欣赏这个年轻人，并很快就允许开普勒接触他的珍贵的、一般人不能接触的火星观测资料，并让开普勒和他自己共同研究火星的运动。

合作约一年时间，第谷因病去世。第谷在临终时，曾把他的全家人召到他的床前，要家人保存他的资料，并委托他的助手开普勒继续编辑、校订和出版他的行星表。第谷没有选错人，因为开普勒不仅在 1627 年正式出版了《鲁道夫星表》（*Tables Rudolphines*，将星表命名为鲁道夫，是为了纪念第谷的赞助人鲁道夫皇帝），而且他还利用第谷观测资料，发现了伟大的行星运动规律。

还有一件罕为人知的事，也许更能说明第谷选对了人。第谷死后，第谷的家人除了脾气像第谷一样暴劣以外，还非常贪婪。他们结成一帮把开普勒看成外人，违背死者的遗愿，不愿意把第谷的观测资料给开普勒。开普勒可以说费尽了心机和耍了不少花招，才使这些极为宝贵的资料由他保管，没有散失。我们可以设想一下，如果这些宝贵的资料散失了，人类文明史会遭到多么大的损失？要知道，牛顿正是在开普勒铺平的道路上走向成功的！

第谷的死对开普勒未尝不是一件好事，因为开普勒根本不相信托勒密和第谷的"行星理论"，其理论基础是地球是静止的，太阳和月亮围绕地球转动，而已知的 5 颗行星都围绕太阳转动，每天运行一周。所以第谷一死，开普勒就可以自由自在地按照哥白尼学说放开手脚大干起来。

从一开始开普勒就认识到，仔细研究火星运动轨道是研究行星运动的关键，因为火星的运动轨道偏离圆轨道最远，而哥白尼坚持认为行星运动一定是圆周匀速运动。所以在火星运动中显示出了哥白尼理论的严重缺陷。以前，第谷曾因为这一点怀疑而否定日心说；但开普勒没有因此怀疑日心说，他只是认为哥白尼的日心说有严重的缺陷，需要做大胆的改进。

八分的误差引出了伟大的发现

开普勒在研究行星运动规律时，他清醒地认识到有三个基本原则不能丢掉：一是哥白尼的日心说；二是坚信第谷观测资料的准确性；三是毕达哥拉斯神秘的数学和谐。这儿特别值得提出的是，开普勒创造性地对待毕达哥拉斯数的和谐这一至高无上的美学原则。两千多年来，人们对这一美学原则视若神明，对它顶礼膜拜，对它的内容和形式不敢有丝毫侵犯。开普勒虽然终生坚持数的和谐这一合理的思想内核，但却敢于大胆扬弃笼罩在它外面的一些不符合观测的和神秘的观念。

当开普勒用圆轨道这一几千年来的传统观念研究火星运动时，结果发现理论与第谷的观测资料有 8′（即 1°的 8/60）的误差。在这种矛盾面前，开普勒坚信第谷的观测资料不会有问题，并且敢于大胆怀疑误差可能是由于圆轨道的观念有问题。他坚信，对第谷的精确的观测资料进行分析，是继续研究行星运动的必不可少的先决条件。开普勒曾经写道：

> 我们应该仔细倾听第谷的意见。他花了 35 年的时间全心全意地进行观察……我完全信赖他，只有他才能向我解释行星轨道的排列顺序。

第谷掌握了最好的观测资料，这就如他掌握了建设一座大厦的物质基础一样。1602 年，开普勒开始想摒弃行星运行轨道是圆形的假说，把火星轨道视为卵形（egg shape）。这年 10 月他曾经指出："行星轨道不是圆。这一结论是显而易见的——有两边朝里面弯，而相对的另两边朝外凸伸。这样的曲线形状为卵形。行星的轨道不是圆，而是卵形。"

在做出火星轨道是卵形这一结论之后，开普勒又花了三年时间才确定它的轨道实际上是椭圆（ellipse）。当做出这一结论时他写道：

> 为什么我要在措辞上做文章呢？因为我曾拒绝并抛弃的大自然的真理，重新以另一种可以接受的方式，从后门悄悄地返回。也就是说，我没有考虑以前的方程，而只专注于对椭圆的研究，并确认它是一个完全不同的假说。然而，这两种假设实际上就是同一个，在下一章我将证明这一点。我不断地思考和探求着，直至我几乎发疯，所有这些对我来说只是为了找出一个合理的解释，为什么行星更偏爱椭圆轨道……噢，我曾经是多么的迟钝啊！

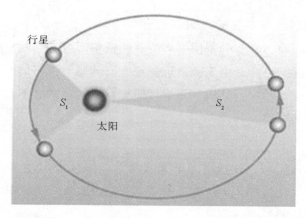

行星按照椭圆轨道运动，在左边 S_1 时弧长一些，行星运动得快一些；
在右边 S_2 弧短一些，行星运动得慢一些。但是在同一时间里
矢径扫过的面积（图中的 S_1 和 S_2 的面积）相等

最终，他发现理论与观测资料非常一致，于是他相信行星运动的轨道一定是椭圆的。这样，几千年的希腊天文学的构想——行星做圆周运动的"神圣秉性"和"审美标准"也在精确的观测面前从此一笔勾销、轰然倒塌！进一步的研究使开普勒明确提出行星运动第一定律——所有行星的运行轨道都是椭圆。

接着，开普勒又打破了第二个神圣的审美标准：行星一律做匀速运动。开普勒证实，行星在椭圆轨道上，有时离太阳远，有时离太阳近，离太阳远时行星运动得比较慢，离太阳近时则运动得较快。神圣的"匀速"圆周运动也被彻底打碎了。不过还有一点聊以自慰的是，行星沿椭圆轨道上的运动还是遵循一种规律，它们并不是信马由缰地乱蹦乱窜。

这就是开普勒第二定律：由行星到太阳连一条线［学名叫"矢径"（radius vector）］，这条线在相同的时间内扫过的面积相等。

"均匀性"这一"美学标准"，就这样又以另一个面貌展现在人们面前。

1609 年，开普勒出版了一本书《新天文学》（*Astronomia nova*），在书中他阐述了他发现的第一和第二定律。

对于彻底信奉毕达哥拉斯数学和谐的开普勒来说，最令人钦佩的是，当传统的、先入之见的美学标准不符合实际观测时，他能够有罕见的勇气和智慧，否定传统的不合理的美学标准，并与它们根本决裂。但是这种与传统美学标准决裂的做法，受到了朋友们和同事们的强烈反对。他的朋友、德国天文学家法布里修斯（David

开普勒的《宇宙的和谐》一书原文版扉页

Fabfricius，1564—1617）对开普勒说："你用你的椭圆废除了天体运动的圆周性和均匀性，当我的思考越是深入，我越觉得这种情况荒谬。……如果你能保留正圆轨道，并且用另外的小本轮（epicycle）证明你的椭圆轨道的合理性，那情况会好得多。"

开普勒的另一个朋友罗伯特·弗拉德（Robert Vlad）在他的《宏观世界历史》一书中，极力谴责开普勒的数学"粗俗""低俗"，以及"开普勒太快地陷入了污秽和泥土里，太牢固地受到看不见的脚镣的束缚而不能让他自由"。这意味着弗拉德并不相信第谷的观测资料，而绝对相信传统的美学标准。甚至于连非常重视实验观测的伽利略都不相信椭圆轨道，在他的 1632 年的《关于两大世界体系的对话》（*Dialogue Concerning the Two Chief World Systems*）中写道：

> 只有圆周运动能够自然地适宜于以最佳配置组成宇宙的各个组成部分。

实际上，伽利略是 17 世纪最坚定支持天体运动的圆周性和均匀性原理的天文学家之一，他没有把他的反传统的智慧和勇气延伸到这个问题上。也正是因为这一点，使他没有把他的地面上的运动学规律扩展到天体运动上。

宇宙的和谐

更令人钦佩的是，开普勒不仅有勇气打破过时的美学传统观念，他还坚信宇宙一定有另一种内在的和谐，即各行星之间不会毫无关系，它们之间一定受某种简单的数学规律的制约。当然，开普勒毕竟是三百多年前的学者，他不可能脱离他那特定的时代去思考，所以他认为数学规律（或数学和谐）的存在，可以证明上帝的智慧和上帝值得赞美。但不论他怎么看待这种数学和谐的实质，他能坚持自然现象一定有某种和谐的数学规律支配，这本身就是非常了不起的事情。

正是因为他有这种坚定的信念，在发现第一和第二定律之后的十年里，开普勒又不知疲倦地观测行星运动和分析第谷的观测资料。到 1618 年 5 月，开普勒终于找到了他终生为之追求的美学标准——数学和谐。他发现，火星到太阳的距离 R 的立方（R^3），与火星绕太阳公转一周的时间 T 的平方（T^2）基本相等：

$$(1.524)^3 \approx (1.881)^2 \approx 3.54$$

后来他又进一步发现，其他所有行星的 R^3 都与 T^2 相等。

用文字表述就是：行星绕太阳转动一周的时间（称公转周期 T）的平方，正比于它们与太阳平均距离（R）的立方。这就是开普勒的行星运动第三定律。这一规律揭示了行星对太阳的距离和其公转周期之间的内在的数学联系，这就为行星运动的一些计算带来了依据。

1618 年 5 月 27 日开普勒完成了《宇宙的和谐》（*Harmonices Mundi*）一书，1619 年出版。书中公布了他的行星运动三定律。

第一定律：每一颗行星以太阳位于其焦点的椭圆上运行；

第二定律：矢径（连接从太阳到行星的直线）在相等的时间内扫过相等的面积；

第三定律：行星绕行周期（或年）的平方正比于它们与太阳平均距离的立方。

因为这三大定律，开普勒被誉为"天空立法者"。他在书中非常兴奋地写道：

> 22 年后，我终于活着看到了这一天，并为此感到欢欣鼓舞，至少我是如此；并且我相信马斯特林和其他人将分享我的快乐！

开普勒的高兴和振奋的心情是可以想见的。以前，哥白尼的学说用 34 个正圆解释了托勒密需要 77 个正圆才能解释的天体运动，而现在，开普勒只要 7 个椭圆，就对哥白尼用 34 个正圆都说不清的问题做出了成功的解释；而且他打破了旧有的数学和谐关系，建立了更美妙的、新的数学和谐关系。22 年以前，开普勒就曾经探索过行星轨道之间的关系，那时他用的是一些正多面体的组合；22 年后，他从静止不动的宇宙走向了运动着的宇宙，他从几何关系走向了比较复杂的函数关系。正是这些变化，使他的梦想成真。他高兴地欢呼：

> 在我见到托勒密"天体和谐"前很久我就坚定相信宇宙的和谐。在 22 年前，一当我发现天体轨道之中的五种正多面体时，我就更加肯定天体一定是和谐的，我还对我的朋友们作过许诺，一定要找到这种和谐。这本书在我尚未肯定我的发现（16 年前，我作为一件事努力地去寻找）时就已命名。为了这个发现，我结识了第谷·布拉赫；为了这个我定居布拉格；也为了这个我把我生命中最美好的那部分时光奉献给了天文学的沉思。终于在我最意想不到的地方，我揭露而且认识了它的真理。自我第一次瞥见它的微光还不到 18 个月，自它破晓以来只有 3 个月，见到真理的阳光才只几天，它无比美妙地注视着我，突然来到我的面前。没有什么能制止我……不顾一切，把这本书写出来了。究竟是现在的人或是子孙后代来读它，我也管不着了。可能等一个世纪才有一个读者，正如上帝为了一个观测者曾经等了六千年。

后来由于开普勒根据他的行星运动三大定律制定的《鲁道夫星行表》与观测到的行星位置充分吻合，因而又具有巨大的经验价值。正是这种经验价值，迫使许多天文学家先后承认了开普勒的理论。英国学者詹姆斯·麦卡里斯特（James McAllister）在他的《美与科学革命》（*Beauty and Revolution in Science*）一书中写道：

"17 世纪初与在哥白尼生活的时代一样，圆周被赋予了巨大的形而上学和审美价值。比如，在文学意象中圆周继续被看成有最大重要性的图形。比较起来，椭圆被看成审美上不尽悦人的。尽管今天我们通常把圆周看成椭圆的一种特殊情况，即两个轴长度相等的情况，但在 16 世纪和 17 世纪初期，椭圆则被看成扭曲的和不完美的圆周。

"17 世纪初期的天文学家都具有对圆周的这一偏爱，开普勒也不例外。许多人都认为圆周是适于天体运动的唯一形状。

"……形成对比的是，起初天文学家很难确定开普勒理论的经验价值，他们熟悉圆周的数学性质却很少熟悉椭圆的数学性质，因而不能顺当地从该理论导出预言用天文观测数据验证。1627 年以后，开普勒理论的经验价值更为明显易见，此时开普勒出版了《鲁道夫星行表》。它汇编了用于预言月亮和行星位置的数据表和规则，依据的是开普勒的定律。本质上，它是对开普勒理论的观测结果的表格化，这样人们就容易对开普勒理论进行经验检验。天文学家很快发现，《鲁道夫星行表》中提出的预言与观测到的行星位置充分吻合——甚至包括水星的观测位置，而这颗行星在此之前一直是最不受天文模型约束的。

"许多同时代的天文学家都是由于有使用《鲁道夫星行表》的经历而最终承认开普勒理论有巨大的经验价值。"

德国天文学家克鲁格教授（Peter Crüger）下面的话表明了开普勒理论对他的影响："我不再理会行星轨道的椭圆形式带给我的困扰。"

这样，由于传统的美学标准与经验发生矛盾，最后导致美学标准的一次变革，终于因为与经验观测更好地符合而宣告完成。在历史上，这种变迁方式是经常发生的一种变革方式，也是大家十分熟悉的方式。但是请读者注意，到 20 世纪以后，这种由经验影响美学标准的变革方式，受到了很大的冲击。在这本书里，我们还会遇到这种更有趣味、更加神奇的研究案例。

开普勒的功劳是伟大的，他的伟大不仅在于他发现了三大定律，而且在于他相当大胆地认识到，地球既然是一个行星，那么就应该有一种物理学规律，它既适用于天体，又适用于地球上的物体。这种天地平权的思想，是物理思想史上一个伟大的跃进，有了这个伟大的跃进，才有可能建立一种宇宙中普适的物理规律。这一任务，后来由伽利略和牛顿完成了。开普勒虽然勇敢地破除了毕达哥拉斯主义中的一些美学信条，但他仍然被毕达哥拉斯的神秘主义捆住了手脚。直到发现三大定律后，他还相信太阳是圣父，行星是圣子，而制约宇宙的数的和谐关系则是圣灵。宇宙正是这种三位一体神圣关系的体现。他不愿放弃数的神秘的和谐关系，他说："上帝要求人们倾听天文学的音乐。"

在《宇宙的和谐》一书的第八章，他想以音乐的和谐关系研究宇宙的关系。他还专门研究了行星发出的4种声音（女高音、女低音、男高音和男低音），他认为上帝还是通过天体运动，在宇宙奏响美妙的天体音乐。当然，凡人是听不见这种"圣乐"的，正所谓"此曲只应天上有"也！

用这种神秘的三位一体的音乐，是无法将天体和地球的物理学统一起来的。开普勒没有也不可能完成他的目标。第一个适用于天体和地面的规律，来自牛顿。

但是，从开普勒的和谐宇宙开始，宇宙和谐的观念就一直成为启迪科学家们伟大的智慧源泉，显示出耀眼的光芒；在追求宇宙奥秘的道路上，开普勒一直是光辉的榜样。

温伯格曾经指出：

开普勒从未真正摆脱柏拉图的影响，这里他依然试图赋予轨道大小某种意义，恢复他早期在《宇宙的奥秘》中对正多面体的应用。他也考虑了毕达哥拉斯学派的想法，试图把不同行星的周期排列成一个音阶。像当时的其他科学家一样，开普勒只是一只脚迈入刚刚诞生的科学新世界，另一只脚还停留在更古老的哲学与诗歌的传统世界之中。

一生颠沛流离的开普勒

1600 年初，开普勒来到了布拉格，开始了自己伟大的征程。但开普勒的生活，终生没有什么好转，他几乎一直在贫穷中度日。虽然他名义上是德国皇帝宫廷天文学家，但却长年拿不到薪水。开普勒是历史上数理天文学的先驱，但他却没法用天文学的职位养活自己和 13 个孩子。他只能靠算命来使一家人不致活活饿死。

在一部描述开普勒生平的电影里，开普勒正在计算行星运动的轨道

1630 年，开普勒迫于生活无法维持，只好亲自去德国多瑙河边的美丽城市雷根斯堡（Regensburg），向国会要求付给他近 20 年的欠薪。不幸的是由于饥寒交迫，刚到雷根斯堡他就病倒了。当年 11 月 15 日，开普勒在极端穷困潦倒的情况下悲惨地去世。他被埋在城堡外面，传说在他的墓碑上写着：

> 我曾测天高，
> 今欲量地深，
> 上天赐我灵魂，
> 凡俗的肉体安睡地下。

后来由于战争的破坏，他的坟墓已经消失得无影无踪了！

开普勒一生颠沛流离，不断失去亲人的巨大痛苦始终没有离开过他，他的母亲曾经由于被控为"巫婆"而险遭烧死，经开普勒冒死抢救总算免于一死。命运给他带来的忧患、打击，没有使他屈服，他顽强坚忍地挺过来了，并且不断从那美丽的宇宙和谐的信仰中寻找欢乐和慰藉，宁静地沉醉于伟大的和谐之梦中。爱因斯坦在1949年曾经非常感叹地说过：

> 应当知道开普勒在何等艰难的条件下完成这项巨大的工作的。他没有因为贫困，也没有因为那些有权支配着他的生活和工作条件的同时代人的不了解，而使自己失却战斗力或者灰心丧气。而且他所研究的课题还给宣扬真理的他以直接的危险。但开普勒还是属于这样的一类少数人，他们要是不能在每一领域里都为自己的信念进行公开辩护，就决不甘心。

18世纪德国浪漫主义诗人诺瓦利斯〔Novalis，1772—1801，原名格奥尔格·菲利普·弗里德里希·弗莱赫尔·冯·哈登贝格（Georg Philipp Friedrich Freiherr von Hardenberg）〕用诗句表达了他对开普勒的钦佩和仰慕：

> 向着您，我转过身来，高贵的开普勒，您的智力创造了一个神圣的精神宇宙，在我们的时代里，被视为智慧的东西是什么？是屠杀一切，使高尚的东西变低微，使低微的东西纷纷扬

起，甚至使人类精神在机械的法则之下屈服。[①]

捷克作家马科斯·布诺德（Max Brod，1884—1968）在他的《第谷·布拉赫的赎罪》（*The Redemption of Tycho Brahe*）中写道：

> 开普勒使第谷对他充满了敬畏之情。开普勒的全心全意致力于实验工作、完全不理会叽叽喳喳的谎言的宁静心理素质，在第谷看来，这几乎就是一种超人的品质。这儿有点不可理喻的地方，即似乎缺乏某种情感，有如极地严寒中的气息……

4. 牛顿和万有引力定律的建立

哥白尼，这位"天文学界的哥伦布"，让人们认识到了长期被歪曲的真正的宇宙秩序，而且，他除了告诉人们地球在浩瀚无垠的宇宙里的公转和自转以外，他还在《天球运行论》（*The Revolutions of the Heavenly Bodies*）中指出：

> 地球肯定是转动的，它的各部分也是飞不了的；所以必定有一种力量把地球各部分都引向地球的中心；而且这种属性也可能存在于一切星球里，在太阳里，在月球里，在星群里；这是上帝给物质的一种属性。

开普勒继哥白尼之后，对星体的运动做出了令人惊叹的发现。1618年，开普勒通过精密的观测得到了以他的名字命名的三定律。这一发现不仅为经典天文学奠定了基础，更重要的是导致了万有引

---

① 引自车桂女士的著作《倾听天上的音乐——哲人科学家开普勒》，福建教育出版社1994年，7页。

力的发现。

　　由开普勒发现的三定律，科学家们知道了行星是怎样运动的，并且越来越多的科学家相信，这三条定律是检验天文学理论的试金石。但是，科学家们（包括开普勒本人在内）无法解释行星为什么一定得按照三定律运动。开普勒曾经试图寻找天体运动的动力学原因，并敢于推测：如果地球、月亮及行星不在轨道上做圆周运动，它们便会相互靠拢，最后碰到一起，这就像玩杂技的人，把碗里放入水，然后用绳子系着碗，在空中甩动碗，哪怕碗底朝天，水也不会从碗里流出来。为什么呢？因为这是水在碗里随碗一起在做圆周运动的结果。否则，连碗带水就会砸到玩杂技的人的头上！但是，开普勒当时没有惯性运动的观念，所以他在天体动力学方面的探索注定要遭到失败。一般人认为，他只是凭着一种美感和直觉推测出行星之间的动力学关系。

　　正当开普勒瞩目于天体运动之时，他的好友伽利略在1604年以前则一直致力于地面物体运动的研究。伽利略发现了惯性定律，指出了力不是速度的原因而是加速度的原因，考察了物体如何下落以及按什么比例加速。有了惯性定律，又有了开普勒的三定律，伽利略本可对宇宙物体运动的统一规律做出贡献的，可惜在天体运动方面，他仍然持亚里士多德的传统看法，认为天体运动都是做天然的惯性运动，因此它们用不着什么力来维系。这样，在此后相当长的一段时间里，科学家们不关注星体间作用力的研究，加之笛卡儿的旋涡理论的影响，更助长了这一趋势。

　　笛卡儿的旋涡学说由于比较形象，易为人们理解，而且又不是用超人的神来解释宇宙，所以成为当时很有影响的假说，包括牛顿在内的许多物理学家都是在他的理论熏陶中成长起来的。笛卡儿旋涡说的流行，使人们在相当长的一段时间里不去重视开普勒三定律，万有引力定律的发现由此被推后了几十年！直到1666年意大利天文学家和医生玻列利（G. A. Borelli，1608—1679）再次倡导开普勒学说，万有引力定律的探索才被提到日程上来。

玻列利同意笛卡儿关于惯性运动的看法，因而提出行星运动必须受到外力作用，但他不同意笛卡儿的旋涡吸引力之说。他认为开普勒的看法很值得注意，开普勒甚至猜测过行星受到太阳发射出的一种切向推力。不过，玻列利认为，行星受到太阳的这种"推力"不是切向的，而是指向太阳的一种吸引力，他还把这种力称为"向心力"（centripetal force）。但玻列利没有做过任何定量的计算，因此他的设想只能停留在猜测阶段。要想做出定量计算，当时最紧要的问题是要计算圆周运动的向心力。

17世纪50年代以后，不少科学家先后发现了太阳作用于行星的力与它们之间的距离的平方成反比（一般称之为引力平方反比定律）。如法国天文学家布里阿德在1645年的《天文哲学》（*Astronomical Philosophy*）一书中就曾假设：从太阳发出的力与离太阳距离的平方成反比而减小。这大约是第一次提出平方反比关系的思想。英国的胡克在60年代初，也知道圆轨道运行时的引力与距离成平方反比关系，而且他的研究也最接近成功。

胡克具有非凡的物理直觉，他常常能够对任何一个物理问题迅速做出正确判断。据说有一次哈雷问太阳作用于行星的力遵循什么法则时，罗伯特·胡克（Robert Hooke，1635—1703）立即回答："与距离的平方成反比。"

哈雷追问："何以知道一定是这样的呢？"

胡克答道："光的强度与光源的距离的平方成反比吧，我想可以同样去计算。这是直觉！"

当在场的几位科学家表示怀疑时，胡克不客气地说："我的直觉是不会错的！"

罗伯特·胡克

胡克的"直觉"的确没有错，但他缺乏牛顿那种罕见的数学才能。他对行星运动轨道是椭圆这一事实感到迷惑不解，他无法根据向心力和平方反比律证实这种椭圆轨道。

1679 年 11 月 24 日，胡克就上述问题写了一封信，询问牛顿，并请牛顿对此进行研究。牛顿当时正忙于光学研究，看了胡克的信他决心再度研究他早在 13 年前就曾深入研究过的问题。

牛顿和胡克有一种共同的想法，即天体间的引力和地面物体的重力，应该是一种统一的力，而且据说牛顿在 1666 年就有这种认识。开始时是"月球为什么不落到地球上来"这个问题，吸引了正在农村躲避鼠疫的牛顿。

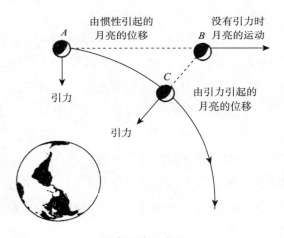

月亮下落示意图

牛顿认为，月球和苹果都是物质，一个落下，另一个却不落下，这是不公平的。经过一段时间的思考，他明白了月球不落到地球表面上来，是因为它在绕地球旋转，即使是苹果，只要它也绕地球旋转，也照样不会落到地面上来。月球绕地球的旋转，实际上也可以看成是一种"下落"，只不过不是落到地面，而是保持一定距离绕着地球转。如果月球不"落"，就将沿切线离地球而去。那么，天体之间引力大小与距离有什么关系呢？牛顿把自己发明的数学应用于开普勒第三定律，即"任何两行星公转周期的平方同轨道半径的立方成正比"，结果证明了引力平方反比律。为了验证这一想法，牛顿进一步把苹果在地面附近下落与月球运动做一比较。如果月球不受任何力，则在单位时间按惯性运动应沿直线由 A 运动到 B，但它实际上"下落"到 C（如"月亮下落示意图"所示）。BC 应视为月球在地球吸引力作用下单位时间自由"下落"的距离。牛顿先用地面物体自由下落的公式求月亮"下落"的加速度 $a_月$，然后又用月亮做圆周运动的公式，求月亮的"向心加速度"$a_月$，结果两个数值相等，都是

$$a_月 = 2.7 \times 10^{-3}（米/秒^2）$$

这个结果使牛顿大为振奋，因为这个证明说明了两个问题：首先，说明月亮的运动和地面物体的下落运动，遵守相同的规律，它们服从统一的牛顿运动定律，亚里士多德的"月上"和"月下"遵循不同规律的错误被彻底澄清，天上和地面的运动，由是得到了统一的说明；其次，万物之间的引力与距离的平方成反比的定律，得到了明确的证明。

1752 年出版过一本威廉·斯塔克利（William Stukeley）写的《牛顿爵士生活回忆录》（*Memoirs of Sir Issac Newton's Life*），书中有牛顿在 1726 年给他讲的一个小故事：

> 引力……是当牛顿正在沉思时，看到苹果落下而发现的。为什么苹果落下的角度总是和地表垂直呢？他心想。为什么苹果不会往旁边飞也不会往上跑，而不断地往地球的中心落下呢？确切的原因是，地球在吸引着苹果。这其中的原因一定跟地球有关，也一定存在吸力。这应该是物质中有引力，而地球上物质引力的总和应该来自地球的中心，而不是地球的任何一面。因此，这就是造成苹果落下的角度和地面垂直而且朝向中心的缘故吗？如果物质以这种方式吸引物质，就应该与其质量

成正比。所以苹果吸引地球，而地球也吸引苹果。

1684年1月，哈雷和雷恩（Rennes）在研究"平方反比律"时，被一个难题卡住了：行星如果沿圆轨道运动，可以证明它们遵守"平方反比律"，但是如果行星沿开普勒所说的椭圆轨道运动时，引力是不是还能遵守"平方反比律"呢？或者说，如果引力是遵守"平方反比律"，行星运动的轨道还会是椭圆吗？

他们先去问胡克，他是皇家学会的主席。胡克似乎是装腔作势地说："椭圆轨道当然也遵守平方反比律，这是毫无疑问的。"

哈雷问："您可以证明这一点吗？"

"当然可以，"胡克回答，"但我要等到别人都证明不出来时，再公布我的证明。对不起，希望你们能体谅我的难处。"

其实，牛顿从胡克写给他的信中，早就知道胡克根本不知道如何证明。不过，我们也应该指出，正是胡克在通信中让牛顿知道了如何分析曲线运动。

哈雷从胡克那儿得不到肯定答复，就去问在剑桥大学的牛顿：

"请问，假定太阳的引力与距离的平方成反比，那么行星运动的轨道将是什么形状呢？"

牛顿几乎不假思索地就回答说："应当是开普勒定律所说的形状。"

"那么，是椭圆吗？"

"是的。"

"你怎么知道呢？"

"几年前我证明过。"

哈雷瞠目结舌，惊诧万分。但当时牛顿却怎么也找不到当时的手稿。过了近3个月，到1684年11月份，他把重写的《论物体运动》的初稿给了哈雷。在这份初稿里牛顿还只考虑太阳对行星的引力，并没有考虑到任何其他物体的引力。

也就是说牛顿认为，只有太阳有引力，其他物体是没有的。依照这种理论，行星绕太阳的轨道应当是严格的椭圆。随后，牛顿很快注意到，行星实际上并不严格做椭圆运动，而是"任何一颗行星的轨道依赖于其他所有行星的合成运动"。对这个结果，如果仅认为太阳才有引力，是无法解释的。所以，1684年12月《论物体运动》的修改稿中，牛顿开始提到，只有计及"行星彼此之间的作用"，才能说明行星运动。这意味着，引力不再只是太阳的属性，同时也含有行星的属性。到1685年，牛顿更进一步地写道："依此定律，一切物体必定互相吸引。"这就是万有引力（universal gravitation）了。

哈雷看了牛顿的书稿后，立即热忱地劝他迅速公布这一伟大研究成果，牛顿几经考虑后才同意了。

1687年7月，牛顿的划时代的巨著《自然哲学的数学原理》（*Philosophie Naturalis Principia Mathematica*，以下简称《原理》）正式出版。这部巨著不仅为力学奠定了基础，成为力学中一部最有权威性的经典巨著，而且它也为其他学科提供了深刻的科学思想和方法论思想。法国数学家拉普拉斯（Pierre-Simon Laplace，1749—1827）曾评价说："《原理》永远成为深刻智慧的纪念碑，它向我们揭示了宇宙中最伟大的定律。"

万有引力定律诞生后，并没有被人们立即普遍接受，尤其在法国，笛卡儿学派的势力直到18世纪30年代还占据正统理论的宝座。在1740年前后，法国皇家学院还派了三位最优秀的测量专家查理斯·拉

汉译世界学术名著丛书

**自然哲学的
数学原理**

〔英〕牛顿 著

牛顿的著作《自然哲学的
数学原理》

孔达明（Charles Marie de La Condamine，1701—1774）、皮埃尔·布盖（Pierre Bouguer）和戈丁（Godin）到南美洲测定赤道地区的经线，以证明牛顿的理论有错。但是后来精确观测，还是证实了牛顿的预言（沿轴方向为扁的旋转椭球）是正确的；而笛卡儿的预言（沿轴方向为扁的椭球体）是错的。由此，牛顿的万有引力定律才得到了包括法国在内的广泛承认。这三位法国优秀的测量专家只好悄悄撤回法国。

万有引力定律的数学方程是：

$$F = G\frac{mM}{r^2}$$

方程里的 F 是万有引力的大小，G 是万有引力常数，m 表示某个物体的质量，M 代表与 m 相吸引物体的质量，r 表示这两个物体之间的距离。

1759 年 3 月，根据万有引力定律计算而预言的哈雷彗星的回归，果然出现在地球上空，这使得万有引力定律的声誉大增，怀疑这个定律的人越来越少。

5. 万有引力定律是普适的吗？

我们这本书是用实验事实说明，无论是哪一位科学大师发现一个伟大的方程式，最后的事实会证明，他们所发现的方程，比提出这个方程式的科学大师还要聪明得多，科学大师在提出他发现的方程式时，有很多意料不到的科学秘密，本可以由他发现的方程式得到破解，但非常有意思的是，当方程式自动表现出这种巨大的能力的时候，发现这个方程式的科学大师居然会否定方程式里"自动"出现的新思想、新结论。

有的科学大师会积极理解新思想、新方法，但是也有时候科学大师还会成为新思想坚定的反对者！因此有时会使得后学者感到十分错愕！

这样的例子多不胜数。而且更有意思是，几乎没有一个科学大师能避开这种科学"怪状"！奇怪吗？很奇怪！有原因吗？一定有，我们在这本书里试图探讨这其中的奥秘。但是这个探讨还可能非常稚嫩，可批评之处一定很多，但是希望这个探讨能够引起对科学史感兴趣的同人和一般读者的关注。

杰出的传记作家沙利文（John William Navin Sullivan，1886—1937）曾经为牛顿和贝多芬写过传记。1919 年他在《雅典》（*Athenaeum*）杂志 5 月的一期上发表文章《为科学方法辩护》（The Justification of the Scientific Method），在文章中他写道：

> 由于科学理论的首要宗旨是发现自然中的和谐，所以我们能够一眼看出这些理论必定具有美学上的价值。一个科学理论成就的大小，事实上就在于它的美学价值。因为，给原本是混乱的东西带来多少和谐，是衡量一个科学理论成就的手段之一。
>
> 我们要想为科学理论和科学方法的正确与否进行辩护，必须从美学价值方面着手。没有规律的事实是索然无味的，没有理论的规律充其量只具有实用的意义，所以我们可以发现，科学家的动机从一开始就显示出是一种美学的冲动……科学在艺术上不足的程度，恰好是科学上不完善的程度。

牛顿开始思考苹果和月亮的时候，实际上正是一种"美学的冲动"，而且他深信自然一定会呈现出一种深远而迷人的美，否则他不会花费几十年的精力去探索。而大自然也真的回应了他的追询，向他显示出了惊人的美——万有引力定律。就是这样一个简洁明晰美丽的公式，居然统一了整个浩渺无垠的宇宙星球的运动规律，难道我们不会惊叹它的伟大和强有力的美吗？

　　万有引力定律开始显示它那巨大的"美学价值"就始于哈雷彗星的回归和海王星的发现，而这也正是万有引力方程受到挑战的时候！

（1）哈雷彗星的回归

　　彗星有各种名称，在我国民间多半称它为"扫帚星"，因为它的形状像一把大扫帚，从天上扫过去。由于彗星形状不同于其他闪烁的美丽星星，在一种惊疑骇怪的心理状态下，人们经常把它看成是披头散发的妖魔。每次彗星出现，迷信的人总把它看成是大灾大难出现的征兆。

　　中国古代史官常把重大天灾人祸归因于彗星的出现。例如秦始皇起兵灭六国，死人多如麻……都被太史公归因于"十五年彗星四见"。这样的记载，在中国史书上到处可见。在西方史书上，也有同样的记载。例如公元前48年出现的彗星，被古罗马作家普林尼（Gaius Plinius Secundus，23 或 24—79）在他的《博物志》（*Naturalis Historia*）一书中描述成由于这颗彗星的出现，发生了恺撒（Jules César，公元前102—公元前44）与庞培（Gnaeus Pompey，公元前106—公元前48）的一场恶战。

1910 年拍摄的哈雷彗星

　　到 1704 年，当时任牛津大学数理教授的哈雷，完全相信彗星也是绕太阳运动的一种星体，同样受万有引力定律的作用。既然如此，那么彗星的运动就也应该呈现出某种规律性，去而复来，重复出现。根据这种想法，哈雷应用万有引力定律，把所有能找到的彗星的观测资料，一个一个进行推算。结果他发现，有三颗彗星的轨道彼此有相似之处：一颗是德国天文学家阿皮安（Peter Apian，1495—1552）1531 年观测到的；一颗是开普勒在 1607 年观测到的；还有一颗是他自己在 1682 年观测到的。它们通过近日点的时刻分别是：1531 年 8 月 24 日、1607 年 10 月 16 日和 1682 年 11 月 4 日。哈雷猜想这三颗彗星是同一颗彗星的三次回归，它们回归的时间间隔分别是 76 年 2 个月和 74 年 11 个月；两次间隔之差是 15 个月。

哈雷认为，15 个月的误差可能是由于土星和木星的引力对彗星运行的干扰所引起的。由此，哈雷还预料这颗彗星在 1758 年将会再次回归，他又估计木星引力对它的影响，因而也有可能把回归时间推迟到 1759 年。后来，法国数学家克莱罗（Alexis Claude Clairaut，1713—1765）根据更完善的数学力学知识，预言这颗彗星将于 1759 年 4 月 13 日到达近日点。

结果，1759 年 3 月 14 日，比克莱罗预言时间提前一个月，这颗彗星回归了。从此，这颗彗星就成了世界闻名的"哈雷彗星"。克莱罗的时代，人们还不知道天王星（1781 年发现）和海王星（1846 年发现），他就能预报出只差一个月的回归时间，实在是非常出色！

1835 年和 1910 年，哈雷彗星又两次在人们预料之中回归。到 1986 年 2 月 9 日的最近一次回归，人们已有每秒钟运算上二亿次的快速电子计算机，可以精确计算九大行星 [①] 的影响，所以已经可以做出极为精确的报道。

根据一个简单的万有引力公式，就能够把一颗"来去影无踪"的彗星来去时间算得如此之清楚和精确，谁不会被这个公式的威力

---

① 2006 年 8 月 24 日，第 26 届国际天文学联合会通过决议，将冥王星归为矮行星，因此，九大行星改为八大行星。

所折服？谁又不会在这种威力的感受中有一种欣慰和愉悦？难怪美学家坚持说：判断一个对象是美或是不美，我们是看它能不能给我们带来愉快——美感实际上是一种愉快的感觉。在哈雷彗星如人们预期那样精确回归时，人们获得的正是一种巨大的愉悦感和欣慰感！

还有比哈雷彗星更加让人们大吃一惊的事情在 1846 年 9 月 16 日发生，那种愉悦的感受更加强烈而持久。

（2）海王星的发现

英国著名物理学家洛奇（Oliver Joseph Lodge，1851—1940）曾非常惊叹地说过一段话：

> 除了一支笔、一瓶墨水和一张纸以外，再不用任何别的仪器，就预言了一个极其遥远的、人们还不知道的星球，并且敢于对天文观测者说："把你的望远镜在某个时刻对准某个方向，你就会看到一颗人们过去从不知道的一颗新行星。"这样的事情，无论在什么时候都是非常令人惊讶和引人入胜的！

我们这一小节，讲的就是这个"引人入胜"的故事。

赫歇尔正是用图中的望远镜
观看夜空星体的运动

人类很早以来只知道五大行星，即水星、金星、火星、木星和土星，但在 1781 年 3 月 13 日，英国天文学家赫歇尔（Sir William Herschel，1738—1822）发现了一颗新的行星。它的大小大约是地球的 100 倍，它的轨道半径几乎是土星的 2 倍。由于它的发现，太阳系的边界一下子向外扩大了 1 倍！这颗新的行星后来用希腊神话中的天空之神乌拉诺斯（Uranus）来命名，这就是天王星。

英国天文学家亚当斯

天王星的发现是赫歇尔几十年如一日用天文望远镜，在茫茫无际的天空搜寻出来的。虽然这是一件了不起的发现，但更令人震惊的是天王星的实际轨道有些反常，与牛顿引力理论计算的结果总是不相符合。这使天文学家们大伤脑筋。

当时牛顿的万有引力定律已经取得了不可动摇的地位，面对天王星轨道的反常极少数人认为，万有引力定律可能不适用于太远的天王星；但是大部分天文学家都认为，万有引力定律应该可以适用于天王星，天王星运动的"反常"，可能是因为天王星轨道外面更远的某个地方还有一颗行星，由于这颗未知行星的影响，才使得天王星的运动有一些异常，因而与理论计算不相符合。

这种猜想很合情理，也可以为人们接受。在新发现了天王星之后，人们对于再多一颗新的行星，在心理接受能力方面已经不再有太大的困难。但是，这颗假想中未知的行星在哪儿呢？如果还像赫歇尔那样，仍然到宇宙更深处浩渺夜空中无数的星体中去寻找，那恐怕比搜寻天王星要困难上万倍，因为这颗还不知道的行星比天王星更远！这无异于海底捞针，找到何年何月？比较起来，从理论上去推算这颗未知行星的位置也许要容易一些。但从当时已知条件去推算假设中行星的质量和轨道，要涉及许多未知的量，其中有一个方程组竟由 33 个方程式组成，其难度之大可以想见！一般人是没有胆量干这件事的。

1843 年，刚从剑桥大学毕业的亚当斯（John Couch Adams，1819—1892）真是"初生牛犊不怕虎"，对这一艰巨的任务十分感兴趣，并且决心利用万有引力定律来寻找这颗未知的行星。经过两年含辛茹苦的计算，1845 年 9 月，他终于得出了满意的结果。可惜的是，由于亚当斯当时还是一个不出名的年轻人，当他把结果交给英国皇家天文学家艾里爵士（Sir George Biddell Airy，1801—1892），请他们利用高分辨率的望远镜在他预言的位置上寻找这颗未知的行星时，不但艾里爵士不重视他的建议，而且几乎没有任何人重视。其中主要原因是艾里扮演了一个反面角色，因为恰恰是他认为天王星运动的反常，是牛顿的万有引力理论还不够完善所造成的。而亚当斯是一个凡事奉行不过分的人，所以也没有坚持强求。直到第二年（1846 年）9 月底法国天文学家勒威耶（Urbain Le Verrier，1811—1877）宣布，他根据万有引力定律找到了一颗未知的行星以后，艾里这才着急了。但他在奋起直追时又犯了一个错误，他忽略了向科学界宣布：亚当斯早在一年前就得到了类似的数据。

与亚当斯相比较，勒威耶幸运得多。1846 年 8 月 31 日，勒威耶在不知道亚当斯工作的情形下，比亚当斯迟一年完成了寻找未知新星的计算任务。正当亚当斯的工作在英国受到忽视的时候，勒威耶却十分幸运。9 月 16 日，他写言给德国柏林天文台的加勒（Johan Gottfried Galle，1812—1910）：

> 请您把你们的望远镜指向黄经 326° 处金瓶座黄道上的一点，您将在离开这一点大约 1° 左右的区域内发现一颗新行星，它的亮度大约为 9 等星……

勒威耶之所以告诉加勒，是因为加勒在 1845 年曾将自己的博士论文请勒威耶看，为了感谢加勒看重自己，勒威耶把自己的预言首先告诉了加勒。

加勒的上司、柏林天文台台长恩克（Johann Franz Encke，1791—

1865）与艾里一样，对搜索假想中的行
星表示怀疑，但是万幸的是在勒威耶再
三要求下，恩克总算勉强同意进行搜索。
9 月 23 日，加勒与他的助手雷斯（Rees）
按照勒威耶提供的数据，将望远镜对准
了勒威耶预言的星区，不到半小时就在
附近 51′ 的地方找到了这颗新发现的小
行星。

　　第二天晚上继续观测，发现它的运
动速度也与勒威耶的预言完全相符。这
颗行星后来被命名为海王星（Neptune）。

法国天文学家勒威耶

　　这一成功是牛顿万有引力定律最辉煌的一次胜利。后来人们又
发现，新发现的海王星也出现了异常现象，由于有寻找海王星的经
验，所以人们又断定在海王星外面更远的地方，还有一颗更不容易
被人们察觉的行星。这颗行星后来果然也被找到了，那就是冥王星
（Pluto）。

　　牛顿的万有引力定律的价值是无可怀疑的了，诺贝尔物理学奖
获得者、德国物理学家劳厄（Max von Laue，1877—1960）说得好：

　　　　的确，没有任何东西像牛顿对行星轨道的计算那样，如此
　　有力地树立起人们对物理学的尊敬。从此以后，这门自然科学
　　成了巨大的精神王国，没有任何权威可以忽视它而不受惩罚。

　　恩格斯也曾高度评价了这一发现，在《路德维希·费尔巴哈和
德国古典哲学的终结》一文中他写道：

　　　　哥白尼的太阳系学说有三百年之久一直是一种假说，这个
　　假说尽管有百分之九十九、百分之九十九点九、百分之九十九

点九九的可靠性，但毕竟是一种假说，而当勒威耶从这个太阳系学说所提供的数据，不仅推算出一定还存在一个尚未知道的行星，而且正推算出这个行星在太空中的位置的时候，当后来加勒确实发现了这颗行星的时候，哥白尼的学说就被证实了。

（3）水星的进动

看来，牛顿的万有引力理论是一种战无不胜的理论了。但是科学发现从来就是无止境的，在发现海王星、冥王星之后，关于万有引力定律的质疑并没有停止。在水星的进动问题上，万有引力方程出了问题，勒威耶也遭受到了挫折。

水星是太阳系的行星中距太阳最近的一颗行星。按照牛顿的万有引力理论，水星在万有引力作用下，其运动轨道应该是一个封闭的椭圆形。但实际上水星的轨道却并非严格的椭圆，而是每转一周它的长轴就会略微有一点转动，长轴的这种转动就称为水星的进动（procession）。

根据万有引力理论的计算，进动的总效果应该是 $1°32'37''/$ 百年。但勒威耶在 1854 年通过观测发现，其总效果是 $1°33'20''/$ 百年。也许有人认为，每一百年仅仅只相差 $43''$，用不着吹毛求疵。的确，这是一个很小的偏差量，但对于科学的问题这已经是一个不能容忍的误差了。所以这个误差，成了当时天文学家们议论的主题。

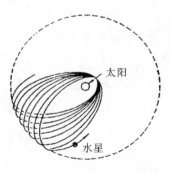

水星近日点进动示意图

根据以往发现海王星的成功经验，勒威耶又如法炮制，将这一误差归因于在太阳附近还存在一颗很小的未知行星，正是由于它的作用才引起了水星的异常进动。他还预言，这颗星将随太阳一起升落，所以只能在日全食时观测到，或者当它在太阳面前通过时才被观测到，并认为由于这颗未知星距太阳太近，

52

表面温度一定很高，所以还给这颗假设中存在的行星取了一个很气派的名字："火神星"（Vulcan）。

由于当时勒威耶的威望颇高，而且从 1854 年起，又被任命为巴黎天文台台长，所以大家都十分相信他的预言，很多天文学家以及他本人都投入了寻觅火神星的工作中。但在几十年里，却毫无所获，在他预言的地方没有看到任何新的行星。最后，大家只得承认并不存在这颗行星。

但是，这个未知之谜——每百年 43″ 的误差——虽然是一个很小的数，但是它对于牛顿万有引力的方程，仍然是一个严重的挑战。

问题亟待解决，出路何在？

直到近 60 年之后的 1915 年，爱因斯坦建立了广义相对论（general relativity）之后，水星进动异常的问题才获得了圆满的解决，原来这是相对论效应引起的。勒威耶失败的预言，到此才最终落下了帷幕，火神星的故事大约也结束了。在这儿，牛顿的万有引力方程的确是失效了，需要用爱因斯坦的广义相对论方程来替代。

二、电和磁的转换
——麦克斯韦方程组

麦克斯韦方程组表达式是：

$\vec{\nabla} \cdot \vec{E} = 4\pi\rho$ 库仑定律

$\vec{\nabla} \cdot \vec{H} = 0$ 高斯定律

$\vec{\nabla} \times \vec{H} = 4\pi\vec{j}$ 安培定律

$\vec{\nabla} \times \vec{E} = -\dot{\vec{H}}$ 法拉第定电磁感应定律

麦克斯韦方程组许多读者看起来也许十分陌生，但是我们这本书并不深入研究这个方程组，而只是比较深入地介绍一些电磁学知识，而这些方程式中的数学符号我们暂时不必去研究它们。我们关心的只是它们的物理意义，这在下面会慢慢向读者介绍。

式中的"$\vec{\nabla} \cdot$"代表物理量的散度（divergence），"$\vec{\nabla} \times$"代表物理量的旋度（curl）；$\vec{E}$代表电场，$\vec{H}$代表磁场。

麦克斯韦方程组告诉我们，电和磁是密不可分的。电场的旋转区会产生垂直于旋转方向的磁场，磁场的旋转区也会产生垂直于旋转方向但是方向相反的电场。这是物理学中第一个不同力的统一，显示出电和磁是一体的两个面。而且最令人惊讶的是通过四个方程的运算，麦克斯韦还意外地得到一个方程：

$$\frac{\partial^2 E}{\partial t^2} = c^2 \nabla^2 E,$$

这显然是一个波的方程式！这不仅仅说明电磁相互作用的结果

将出现电磁的波动，而且还惊人地向人们展示这个电磁波动在真空中传播的速度，正好是光在真空中传播的速度 c！

也就是说，这个方程不仅仅预言电磁波的存在，而且还精准地预言电磁波传播的速度与光速相同，因此这个方程组同时告知人们：光也是一种电磁波。

方程式是何等的聪明，具有何等伟大的力量！

我们可以想到，由于这一方程组的发现，它们的智慧和能力不仅仅促使现代物理学发生巨大的飞跃，还促使现代通信事业和如广播、雷达、电视、电脑等的电信设备有了巨大发展。

人类很早就知道电和磁的现象，并且开始探索这么一个问题：电和磁有没有什么关系？但是由于在伏打电池出现以前，人们不能得到稳恒持续的电流，所以这方面的探索大多得出否定的结果。这样，人们长久以来就认为电和磁是没有什么关系的，连法国电学方面的权威查利－奥古斯丁·库仑（Charles-Augustin de Coulomb，1736—1806）这么一位对电学做出过重大贡献的物理学家，到 17 世纪 20 年代还宣称："电和磁是不可能存在什么关系的。"

他认为："尽管电和磁的作用定律在数学上很相似，但它们的性质完全不同。"

由于他的影响，大部分物理学家对他的说法似乎是深信不疑的，其中以法国科学家为最。例如，法国著名物理学家安培（André-Marie Ampère，1775—1836）就说过："我将愿意证明电和磁是互相独立的两种不同的流体。"对光的波动说做出重大贡献的英国物理学家托马斯·杨（Thomas Young，1773—1829）更明确地指出："没有任何理由去设想电与磁之间存在任何直接的联系。"

但是，自然界和实验室所发生的现象，却一再提醒人们：电和磁是有关系的。例如，闪电或莱顿瓶放电之后，人们常常发现铁器被磁化的现象。这使得科学家们对电、磁现象没有关系的结论不能不产生怀疑，而且这未知的奥秘也激发科学家们产生了强烈的探索欲望。另一方面，由于康德（Immanuel Kant，1724—1804）和谢林（F. W. J. von Schelling，1770—1831）这些重要的德国自然哲学家（natural philosopher）的影响，使部分物理学家深信自然界中的力是统一的，因而他们相信电力和磁力一定存在着某种联系。1774年，德国巴伐利亚电学研究院还特别悬赏征解："电力和磁力是否存在着实际的和物理的相似性？"

46年之后，丹麦杰出的物理学家汉斯·克里斯蒂安·奥斯特（Hans Christian Oested，1777—1851）对这一问题做出了肯定的答复。

1. 一位喜爱哲学沉思的物理学家

丹麦哥本哈根大学物理教授奥斯特早年就读于哥本哈根大学，1799年毕业并获哲学博士学位。奥斯特不仅喜爱自然科学和物理实验，而且对哲学也有特殊的爱好。他笃信康德的自然哲学，他的博士论文就是论述康德自然哲学对自然科学的重要性。康德认为："人只能经验两种基本力，即吸引力和排斥力，其他电、磁、热、光都是这两种基本力在不同条件下的复形。"在这种自然哲学思想的背景下，不仅产生了能量守恒定律，而且也使奥斯特力排众议，坚持从实验上研究电和磁之间的关系。

以康德哲学为主的自然哲学一般说来是一种神秘的思辨，它对于自然科学，有时似乎是一盏明灯，有时又似乎是一个陷阱，

奥斯特（左）正在做电流磁效应实验

其功过实不容易评说，但在促使自然界各种作用力的统一上，其作用是抹杀不了的。

奥斯特早在 1812 年写的《关于化学定律的见解》（About the Chemical's Law Point of View）一文中，就提出应该进行电流实验，以便确定电和磁的关系。1812 年，他明确预言电流一定存在磁效应。在《关于化学力和电力的统一的研究》（Research on Chemical Force and Power of Unity）一文中，他认为当通电导线直径较小时，导线会发热；如果再缩小导线直径，导线就会发光；如果继续减小下去，到某一直径时电流就可能产生磁效应。但是他的这一预言，并没有得到实验的证明。

奥斯特不仅仅是一位自然哲学家，而且是一位非常重视实验的物理学家，他不像康德、谢林那样专门依靠思辨得出人们尚未知晓的联系，奥斯特认为应该用实验证明这种联系是更重要的。在伏打发明了电池以后，物理学家可以在电路中得到稳恒的电流，因此用电流产生磁的效应的研究有了可能。

经过无数次失败，奥斯特终于在 1820 年春季获得了成功，磁针终于在电流的作用下转动起来了！几千年来隐藏着的奥秘开始显现在人们面前：在电流通过一段很细的铂丝时，位于铂丝下的磁针动了；当磁针稳定下来时，磁针与电流方向垂直；当奥斯特使电流反向流动时，磁针也改变 180° 的方向，仍然与电流方向垂直。这种"侧向力"的方向，使奥斯特大吃一惊，开始他和其他物理学家都以为磁针南北方向应该顺着电流方向。吃惊归吃惊，但是电流和磁针的相互作用已经开始向人们展示它们无限的魅力了！

1820 年 7 月 21 日，奥斯特向科学界宣布了自己的划时代新发现。为了将热、光和电流这三种现象统一起来，他把导线中的电流看成是一种所谓"电冲突状态"（electricity state of conflict），即正负电荷不断发生分离及中和的过程，而电荷就是在这一"冲突"过程中向前流动。

电流的磁效应实验成功后，奥斯特提出了一种非常新颖的看法："根据上述事实，电冲突看来不限于导线之内，也扩展到导线周围很大的范围内。据此可以断言：电冲突使导线周围形成了涡流。"除此以外，电冲突状态还可以沿导线以螺旋线式的方式传播，其轴线为导线，其螺纹则基本上与导线垂直。

我们现在知道，奥斯特的新颖看法，是后来"场"（field）的思想的开端。只不过在奥斯特的论文里，描述得十分模糊，也不确切。他的所谓"螺旋线"实际上是磁场横向效应的直观描述。后来法拉第用磁力线准确地描述了它。

我们完全可以相信，奥斯特实际上已经用不标准的语言表述了后来麦克斯韦方程组的第一个方程：电流周围存在着磁场。这就难怪当法拉第看了奥斯特的这篇论文后，高兴而振奋地说：

> 它猛然打开了科学领域的大门，那里过去是一片漆黑，如今充满了光明。

但是，我们也必须看到，奥斯特的发现对几百年来几乎是战无不胜的牛顿学派理论，是一次严重的冲击。牛顿学派的理论认为，自然界的力都是作用在物体连线上，不是斥力就是吸力，而现在奥斯特却发现了一种与上述"中心力"（central force）不同的侧向的"旋转力"（rotating force）。也正是由于磁力的这种不同于重力、静电力等中心力的特性，所以人们长期以来未能找到它，即便有人偶然发现了它，也由于"太出乎人们的意料"而被忽视。

英国科学史家约翰·贝尔纳（John Desrnond Bernal，1901—1971）曾对此评论说："这是头一次打破了传统的经典理论，并开辟道路，走上一个更广的崭新天地，其中方向同距离一样至关重要。正是这些物理学上的发现，要给予数学以一种新的促动力，并把它从固守牛顿传统的局面中解救出来。"

2. 电学中的牛顿——安培

奥斯特的发现一公布于众，立即引起了巨大的反响。其原因应该说是多方面的，一方面是物理理论上的重要性，即它将两种一直被认为彼此不相关的电和磁现象联系起来了；另一方面，也许是更重要的一方面，是人们对电流技术应用上抱有很大的期望。因为，电如能产生磁，根据牛顿第三定律，磁体当然也会对电流发生作用力，于是，磁能产生电的想象也并不会那么困难。这一想象如能成为事实，廉价的电流将有极大的吸引力。

电学中的牛顿——安培

因而，不少物理学家迅即拥进了电磁学研究的领域。1820 年 8 月，法国的理学家阿拉果（Dominique Francois Jean Arago，1786—1853）在瑞士得知奥斯特的发现后，立即意识到这一发现的重大意义，并于 9 月赶回法国，向法国科学家们报告了奥斯特的发现，并表演了奥斯特的实验。

法国科学家震惊了！他们伟大的库仑不是说电和磁不会有什么关系吗？但阿拉果的实验演示的是铁的事实！法国科学家终于从自大乃至蒙昧的梦中醒了过来，并积极地做出了反应。法国《化学与物理学年鉴》迅即刊登了奥斯特的文章，并专门作了编者按：

> 《年鉴》的读者都知道，本刊从不轻易支持宣称有惊人发现的报告，至今我们都因为能够坚持这一方针而自许。但是，至于说到奥斯特先生的文章则其所得到的结果无论显得多么奇

特，都有极详细的记录为证，以至无任何怀疑其谬误的余地。

如果我们知道法国素以自己伟大的数学传统骄傲，而奥斯特划时代的论文没有任何数学公式和示意图，它却能受到法国物理学界的重视和欢迎，这足以说明法国物理学家如何高度评价奥斯特的发现。

安培听了阿拉果的报告之后，除了高度评价奥斯特的发现以外，还立即意识到，电和磁的内在联系尚未被指明，他认为要么是电流具有磁性，要么磁体的本质就是电流。他决定全力以赴地投入到这一研究中去。

安培在三周之内，接连向法国科学院提交了三篇极具创见性的论文，尤其是 9 月 25 日提交的第二篇论文，引起了科学家们的极大震惊。他通过实验发现，电流不仅对磁针有作用，而且两根电流线之间也有吸引和排斥两种相互作用。这一发现对安培来说，具有更重大意义。

他还发现，通电的环状导线在地磁场中也会转动，转到导线平面与地球子午面垂直的方向。这一发现使安培获得一个重大突破性创见：磁体间的相互作用并非存在什么磁荷，而是磁体中存在一种环状电流。开始，安培认为整个磁体有一个大的环状电流，后来在奥古斯汀－让·菲涅耳（Augustin-Jean Fresnell，1788—1827）的帮助下，才认为是许多微型圆电流的集合。这就是安培的"磁就是电流或运动中的电"的假说。

这样，安培就在电流的基础上统一了电和磁。他的这一理论创见的确无可挑剔，十分优美、明快，再加上他的理论与当时物理学家想将自然界一切现象归结于中心力的思想倾向一致，所以它迅即为广大物理学家们所接受。

英国物理学家詹姆斯·克拉克·麦克斯韦（James Clerk Maxwell，1831—1879）曾对安培的成就做出如下的评论：

安培为建立电流间的力学作用定律而进行的实验研究，在科学上是最光辉的成就，整个理论和实验似乎是从"电学中的牛顿"的大脑中跳跃出来的，……它们是完善的，无懈可击的，它们总结在一个公式中，所有（电磁）现象都可以从这个公式推导出来，这个公式将永远是电动力学的基本公式。

安培的功绩是无法抹杀的，但是说他的公式能解决所有的电磁现象是不合适的。安培的电动力学从根本上来说，忽视了电流周围空间的结构，所以对电磁感应现象无法做出圆满的解释。法拉第为此首先对安培的电动力学提出批评。后来，德国物理学家威廉·韦伯（Wilhelm Eduard Weber，1804—1891）、弗兰茨·诺埃曼（Franz Ernst Neumann，1798—1895）继续在安培电磁理论基础上，发展了电动力学，使其可以在某种程度上拒绝法拉第提出来的"场"的思想，并解释电磁感应现象。于是，以超距作用（action at a distance）为一方，场的作用为另一方，展开了持续数十年的论战。

3. 物理学基础中最深刻的变化

1820 年到 1821 年，电磁学的研究可以说正处于一个高潮期，虽然物理学家们只研究了电磁现象的一半（电生磁），但是在短短的一年多时间里，能从现象迅速上升到理论，并奠定了电动力学的基础，这在物理发展史上实属罕见。但自 1822 年后，电磁学的发展出现了一个停顿期，这个停顿期一直延续到 1831 年。1831 年 8 月英国物理学家迈克尔·法拉第（Michael Faraday，1791—1867）在电磁感应（electromagnetic induction）的研究工作最终获得成功。

法拉第于 1791 年 9 月 22 日诞生于一个穷困的家庭，他的父亲是一位技术上乘的铁匠，母亲在婚前当过用人。由于家庭贫困（有时穷到一周的口粮只不过是一块不大的面包），法拉第不像同时代英国许多大科学家那样毕业于名牌大学，他的全部教育只不过是"3R"〔reading，'riting（writing）and 'rithmetic（arithmetic），即"读、写、算"〕。

迈克尔·法拉第

14 岁时他成为了一个书籍装订学徒工。如果不是一系列偶然事件，他被当时的科学巨星汉弗莱·戴维（Humphry Davy，1778—1829）雇用为皇家学会实验室助手，那他很可能就此度过一个熟练工人的一生。开始，他跟戴维一起做化学实验，但到 1820 年以后，他对电磁学发生了兴趣。

电可以生磁，那么反过来磁也应该可以生电。很多物理学家都相信这一点，并有不少物理学家想从实验证实这一猜测，例如菲涅耳、安培、德拉里夫（de la Rive，1801—1873）、科拉顿（J. D. Colladon，1802—1893）和阿拉果。他们当中有的人甚至已经走到成功的边缘。但结果都由于指导思想的谬误，功败垂成。法拉第也由于同样的原因，长期苦苦探索，没有获得成功。

在 1831 年以前，法拉第曾间断做过 4 次尝试以实现磁生电的实验，结果都失败了。幸运的是法拉第不仅是一位杰出的实验物理学家，而且他还具有哲学家的头脑。他重视实验，但也同时重视理论思维，注意从自然哲学中吸取思想活力，以便作为实验的指南。由于这一原因，他深信自然界是统一的、和谐的和对称的。他曾说过：

　　我早已持有一种见解，它几乎达到深信不疑的地步，而且我想这也是许多自然科学家们所持的见解，即物质之力所表现出来的各种形式具有共同的起源，这即是说它们彼此之间紧密相关，可以相互转化，并有共同的力的当量。

　　他甚至还说过："这种信念使我常常希望用实验证明引力和电力之间的联系的可能性。"

　　如果我们想到，今天物理学家们正在为寻找引力和电力的统一而艰苦探索，我们怎能不惊叹法拉第科学思想的深邃呢！正因为法拉第有这种坚强的信念，所以他在失败面前并没有惊慌失措、悲观失望。他不断地思考失败原因，不断地改进实验装置，最终获得巨大的成功。

　　1831 年 8 月 31 日，法拉第在一只软铁环上绕上两组线圈 A 和 B。据他的实验日记记载，铁环用 7/8 英寸（1 英寸 =2.54 厘米）粗的软铁棒弯成，外径为 6 英寸，A 和 B 线圈由铜导线绕成。这一装置，比他以前试过的各种装置

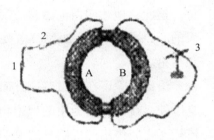

法拉第电磁实验示意图

在电磁耦合上要强得多。B 线圈两端用一较长铜导线连起来，在距铁环 3 英尺（1 英尺 =30.48 厘米）远处，在连接导线下放一磁针。当法拉第把 A 线圈与电池接通时，他意外地发现，在接通的一瞬间，B 线圈连线下的磁针明显地摆动了一下。然后又迅即回到原来的位置上。

　　法拉第大吃一惊，这不是一种瞬时的电流效应吗？但他以及几乎所有物理学家寻找的都是持续的、稳恒的效应，这是因为在奥斯特的实验中，稳恒的电流在导线四周产生稳恒的磁场；那么根据对称性原则人们很自然地会设想，把导体放在磁体附近也应该产生稳

恒电流，或者，一根导线上如通以强的电流，那么其近旁导线也将产生稳恒电流。正因为这种猜测，物理学家们都一心注意研究如何用磁产生稳恒电流，忽视了对瞬时过程的观测，即便发现了瞬间效应，大约也认为那是不值得重视的。

正是在这一错误思想指导下，不仅法国物理学家菲涅耳、安培在"失败"面前却步，就是法拉第也没有立即明白上述瞬时效应的重要性。他在给友人信中写道：

> 我好像抓住了好东西，但这不像是鱼，说不定是藻屑。

接着，他于 9 月 24 日、10 月 1 日和 10 月 17 日又连续成功地做了一些实验，通过这些实验法拉第才明白他抓住的正好是条大鱼。至此，他才明白电磁感应的瞬时性，以前追求的稳恒效应是错误的。11 月 14 日，法拉第向英国皇家学会报告了整个实验的情况和结论。

法拉第除了在电磁感应方面以精湛的实验研究给英国带来了荣誉以外，在以思辨为主的理论物理方面，也给英国赢得了美名。物体相互之间作用的机制，这是一个重大的理论课题，法拉第作为中流砥柱，提出了大胆的猜测。

物体之间的相互作用，在法拉第之前有两种理论：一种是牛顿学派的"超距作用论"，认为重力、电力和磁力，不需要任何物质的帮助，因此可以在一无所有的空间发生相互作用，并且以无限大的速率传播着这种相互作用力。这种超距作用给力涂上了一层神秘的色彩，所以一开始就受到过非议。另一种是笛卡儿学派的理论，他们否认真空的存在，认为整个宇宙空间都弥漫着物质，物体间的相互作用必须依靠弥漫在它们周围的物质来传递相互作用力。这种学说叫"近距作用说"。

尽管牛顿本人也怀疑超距说，但由于后来牛顿力学不断地取得胜利，人们就逐渐摒弃了笛卡儿学说，而把超距说和万有引力定律一起，奉为金科玉律。1820 年后，安培又将牛顿力学的方法、原则成功地用于电学中，奠定了电动力学扎实的基础，其结果又与实验符合得很好，于是物理学家们很少怀疑电磁力的超距说。相反，超距说甚至已经被物理学界认为是物理学取得的最大成就之一。例如，被誉为德国物理学大师的赫尔曼·亥姆霍兹（Hermann L. F. von Helmholtz，1821—1894），在 1847 年曾宣称："物理学的任务，在我看来，归根结底在于把物理现象都归结为不同的引力或斥力，而这些力的大小只和距离有关。"但是，法拉第信仰的是近距作用。在电磁感应实验成功后，他更加确信超距作用在此毫无物理意义，并对安培的（超距的）电动力学提出了批评。

法拉第是一位严格凭经验思考的物理学家，他只承认可以观察到的事实，因而他的具有思辨性的理论，就必须是从实验事实的启发而得到，再不就是必须找到实验验证。这正是法拉第思想方法的特征。

要想批判超距作用，法拉第明白首先用实验证明，电荷在相互作用时，电荷四周的介质完全不受影响这样一个观点是错误的，这样，他才能把超距作用论者只注意到"源"（source，例如电荷）的目光，拉向"源"周围的空间。1831 年底，他通过实验获得了这样的认识：在电流或磁体周围存在着一种受力的状态，这种状态一经改变或受到某种扰动，便能使处于这个空间的金属感应出电流。这种受力的状态，法拉第称之为"电紧张状态"（electrotonic state）。杨振宁在 2014 年写的《麦克斯韦方程和规范理论的观念起源》[①] 里曾经写道：

（法拉第）在理解电磁感应的摸索中，他引进了两个几何

---

① 后来这一概念成为进入规范场理论基本概念之一。

概念：磁力线和电紧张状态。前者很容易图像化，只要在磁体和螺线管附近撒上一些铁屑就行了。后一个概念，也就是电紧张态，在法拉第《电学实验》全书中一直模糊不清，难以捉摸。

1837年，法拉第对电介质如何影响电的相互作用（即静电感应）进行了研究，这一研究对法拉第理解静电感应的本质提供了极为关键的启示。法拉第通过实验明确证明，电的感应作用与介质是有关系的，而且感应作用与超距的直线作用不同，是沿曲线传播的。法拉第将显示作用方向的曲线叫作电力线（electric line of force）。他认为电力线充满了整个空间的媒介之中，这些电力线的弹性形变和应力取决于电荷、磁荷和电流的分布情形。他还进一步指出，电力线在长度方向上收缩，在侧方向上有扩张的趋势。法拉第认为，这些电力线是一种物理实在，并非一种纯几何化的符号。这方面他可以说继承了德国数学和物理学家莱布尼茨关于力的实在性以及康德的空间充满了力的观点。有了这一套系统，法拉第就可以解释所有静电现象。1845年，法拉第把电力线的研究成果全部推广到磁现象里。

1845年后，在研究电、磁和光之间的关系时，法拉第偶然发现了抗磁物质（diamagnetic substance）。在这方面的研究中，威廉·汤姆逊的介入颇值一提。1845年，威廉·汤姆逊偶尔读到了法拉第电学方面的论文。他与大部分同时代的人不同，不仅相信了法拉第的介质受激状态产生电力、磁力的设想，并于当年8月6日给法拉第写了一封信，谈了自己的一个看法，即静电受激状态应该可以被平面偏振光探测出来，并告知法拉第，静电受激状态可以由数学上推出来。法拉第看了威廉·汤姆逊的信以后，颇受鼓舞。以前他做过这方面的实验，但均以失败告终，于是他又一次回头来做静电受激状态的实验研究。但仍然毫无成效。他想，这也许是由于静电太微弱了，无法产生可观测的效应，但磁力是很强的，而且在他看来，磁力线和静电力线在本质上有共同之处，那么，"磁受激状态"（magnetic excited state）岂不容易测量得多！于是他放弃了纯电学实验测量的道路。他设想，如果一个透明物体置于电磁铁两极间的强磁场中，也许可用偏振光测出这种受激态。他用了几种透明体——空气、铅玻璃、冰洲石等，但都失败了。有一次，他偶然用了一块折射率极高的含硼铅玻璃（是他自己于 1820 年制的），结果他激动地发现，偏振平面旋转了一个相当明显的角度，而且很容易测定出来。寻找多年的受激状态，终于被他找到了。

介质在磁力作用下，出现了受激状态，这就充分证明空间存在着磁场。他指出：带电体和磁体周围的整个空间，都连续分布着一种叫"场"的介质，电力和磁力正是由场来传递。磁力线和电力线则是场的结构和变化的一种形象化描绘。

后来爱因斯坦继承和发展了法拉第"场"的思想，对法拉第的这一思想给予了高度评价，他指出：

> 法拉第的一些观念的伟大和大胆是难以估量的，……借助于这些新的场概念，法拉第就成功地对他和他的先辈所发现的全部电磁现象，形成一个定性的概念。

我们知道，能的概念把机械现象和热现象统一起来了；现在，场将把电、磁、光（以后还有引力、弱力和强力）纳入物理理论的共同框架中。实际上，场和能这两个概念是密切相关的，因为场的本质就是空间中能的一种分布。由此及彼，我们完全可以料到，场的概念，势必引起物理学一次巨大的革命，这由下一节麦克斯韦的工作和后面杨 - 米尔斯理论的研究，可以全面深入地了解这一点。正因为如此，爱因斯坦说：

场的思想是牛顿时代以来，物理学的基础所经历的最深刻的变化。

4. "上帝的神来之笔"

法拉第深刻的物理思想，虽然"伟大和大胆"，但是由于他只受过很基础的教育，没有受过高等教育，因此他缺乏数学训练，只能用几何结构来表示他的发现，不能用数学方程表达。因此当时把超距理论视为神明的大多数物理学家不能接受法拉第的思想和理论，连法拉第的传记作者约翰·廷德尔（John Tyndall，1820—1893）也认为法拉第虽是"一个伟大的发现家，可是作为思想家却有点外行"。还有一位天文学家甚至在皇家学会的年会上公开说："承认法拉第的观点，那简直是对牛顿的亵渎！"

他的巨著《电学实验研究》（*Experimental Studies of Electricity*）中，连一个数学公式也没有，这在当时是颇为一些人所诟病和瞧不起的。这当然也是法拉第理论中一个大的缺陷。L. P. 威廉斯（L. P. Williams）在《迈克尔·法拉第和一百年前的物理学》（*Michael Faraday and One Hundred Years Ago in Physics*）一文中说：

由于数学应用于宏观物理学的成功，致使人们普遍认为数学描述是整个物理学的实质问题。如果一个物理假设不能用数学术语来表达，那么它很可能是一个错误的假设。

非常幸运的是，法拉第的这一巨大缺陷不久就被精通数学的英国物理学家麦克斯韦巧夺天工般的数学克服了。

L. P. 威廉斯指出，麦克斯韦是"在科学史上只有少数几个人，有幸成为新的科学世界观的奠基人和完整的世界物理图景的创始人之一"。

1831 年 6 月 13 日，麦克斯韦出生
于苏格兰一个贵族家庭。麦克斯韦读
书时酷爱几何，15 岁时就发明了椭圆
形的简易画法。由于这种画法构思精
湛，被发表在《爱丁堡皇家学会会刊》
（*The Royal Society of Edinburgh*）上。
1847 年秋，他中学毕业后考进了苏格
兰最高学府爱丁堡大学（University of
Edinburgh），1850 年因成绩优秀转入

英国物理学家麦克斯韦

剑桥大学。1854 年 11 月，以甲等数学第二名的优异成绩毕业。

在毕业那年，年轻的麦克斯韦就写信给当时在电磁学方面颇有
研究的威廉·汤姆逊，表示自己想下决心研究法拉第的理论，并向
他请教如何从事这项研究。威廉·汤姆逊是一位才华出众的青年教
授，早在 1842 年就把拉普拉斯的势函数二阶微分方程用来建立热、
电和磁三种运动共同的数学关系；1847 年又利用理想流体的流线
的连续性论述了电磁现象；1851 年，他更在《磁的数学理论》（*The
Mathematical Theory of Magnetic*）中，提供了研究电磁现象的范例。
汤姆逊接到麦克斯韦的信后，立即回了信。在信中，他高度评价了
法拉第的学说，并认为其中包含着人们尚未发现的带有革命性的真
理。这对年轻的麦克斯韦来说是一个极大的鼓励。于是他决心在电
磁学领域里展试身手。

麦克斯韦首先抓住法拉第电磁实验中的核心指导思想：通过力线
来进行数学上理论化的工作，并由此进一步制订电磁学的理论体系。

麦克斯韦还把自己的打算告诉了法拉第。法拉第开始有些担心，
唯恐麦克斯韦用数学损害了他的重要物理思想，又回复到超距作用
的老路上去。但不久他就放了心，他亲切地对麦克斯韦说：

> 我不认为自己的学说一定是真理，但你是真正理解了它的人。不过，你不必停留在用数学来解释我的观点，而应该突破它！

麦克斯韦听了这热情鼓励的话，十分激动，信心也更足了。

经过 10 年多的努力，麦克斯韦终于实现了他的梦想，将法拉第关于场的思想，变成了精确的数学公式——麦克斯韦方程组。这一方程组，可以对各式各样的电磁现象做出解释，而且还把电和磁更紧密地联结到了一起。麦克斯韦的理论指出：电和磁不可能单独存在，哪里有电流哪里就有磁场；相反，哪里磁场在变化，哪里就一定会有电场。麦克斯韦的理论还证明：电荷的振荡会产生电磁场，这种变化的电磁场将以一个固定的速度向外辐射电磁波；而且还证明了光本身就是一种电磁波，是一种电磁运动。

1864 年，麦克斯韦兴奋地宣布：

> 光和电磁场是同种物质，光是按照电流运动定律在空间传播的电磁振动。

1873 年，麦克斯韦出版了两卷本的巨著《电磁学通论》（*Treatise on Electricity and Magnetism*）。在书里，麦克斯韦全面总结了 19 世纪有关电磁现象研究的成果，并在数学上论证了他的方程组的解的唯一性定理和方程组内在的完备性。宏伟的电磁理论体系，至此大功告成。

这儿还应该加一笔的是，当时物理学家都习惯于用一种物理模型来解释物理学现象和建造数学公式，但是麦克斯韦几乎完全用数学就解决了电磁理论的研究！因此物理学家们希望麦克斯韦也提出一个物理模型来解释他的电磁理论。麦克斯韦也曾经努力设法建造一个物理模型，但是始终没有获得成功。我们由此可以注意到，在麦克斯韦之后，物理学家也都开始用数学理论来建造物理学理论了。这一重要的转变应该是始于麦克斯韦。

但不幸的是，麦克斯韦的理论在当时并不能立即为物理学家们理解和接受。劳厄曾说过："尽管麦克斯韦理论具有内在的完美性并和一切经验相符合，但它只能逐渐地被物理学家们接受。它的思想太不平常了，甚至像亥姆霍兹和玻尔兹曼（Ludwig Bolzmann，1844—1906）这样有异常才能的人，为了理解它也花了几年的力气。"

当玻尔兹曼后来终于领悟了麦克斯韦方程之后，他曾用歌德在《浮士德》中的话表示自己衷心的赞叹：

> 这种符号简直是上帝的神来之笔。

1888 年，当德国物理学家赫兹（Heinrich R. Hertz，1857—1894）用奇妙的电火花证实了电磁波的存在以后，麦克斯韦的理论才终于被物理学家们普遍接受。

德国伟大的诗人歌德曾经说过一段话：

> 哪位神明写出了这些符号？灵魂的渴望平静下来，让大自然的秘密向我敞开！

把这段话用在麦克斯韦的电磁理论方程上，简直是再合适也没有的了！我们下面就对麦克斯韦和他的伟大的研究做一简单的回顾。

在研究物理学家成长的历程时，我们常常会惊讶地发现，最杰出的物理学家在少年时期都有着几乎大致上相同的爱好和才能。例如，我们可以举出很多例子证明，他们在少年时期都特别喜欢几何和艺术（音乐、诗歌、绘画等），而且在这两方面都显露出不同一般的才能。我们也许知道德国著名物理学家玻尔兹曼的例子，他是一位了不起的物理学大师，又是一位写抒情诗和散文诗的高手；19 世纪最伟大的物理学家之一的麦克斯韦也不例外。

喜欢写诗的麦克斯韦

麦克斯韦在爱丁堡上中学时，他不仅在数学上表现出卓越的天资，在比赛中获得第一名，而且在诗歌比赛中也获得了最高奖。在数学领域，他不仅喜爱数学，而且从小表现出不凡的才能。当他还在家里跟父亲学习时，他就制出了 5 个立方体的模型，显示出他对数学的敏感和爱好。到 14 岁时，他受到爱丁堡一位知名的装饰艺术家大卫·海伊（David R. Hay，1798—1866）的影响，对几何对称现象非常感兴趣。海伊曾试图将对称的几何模式用在装饰艺术上，这启发了麦克斯韦的灵感，使他发现了一种绘制卵形线的方法。这种卵形线曾经由笛卡儿首先研究过，笛卡儿虽然描述过绘出这种曲线的方法，但麦克斯韦的方法却崭新而又简便。麦克斯韦的父亲对此感到振奋，把这一发现告知爱丁堡大学哲学教授福布斯（James Forbes，1809—1868），后者又把麦克斯韦记述这方法的论文，推荐给《爱丁堡皇家学会纪事》（*Chronicle of Royal Society of Edinburgh*）发表，福布斯在给麦克斯韦父亲的信中，高度评价了麦克斯韦少年时的这一发现：

爱丁堡大学哲学教授
詹姆斯·福布斯

　　亲爱的先生，我仔细阅读了您儿子的文章，我想，他用的方法很聪明——特别是在他的那种年龄来说；而且我相信，这种方法在本质上说是一种新方法。关于后一点，我曾听取过我的朋友克兰德教授的意见……

英国物理学家菲利普·克兰德（Philip Kelland，1808—1879）的评价则似乎更高一点，他认为麦克斯韦的论文写得"非常难得、非常灵巧"，其绘制卵形线的方法的确是前所未有的。麦克斯韦传记作者埃弗里特（C. W. F. Everitt）说的很对，麦克斯韦这一发现，"显示了他一生的两个特色：严密性和对几何论证的偏爱"。

至于麦克斯韦的诗歌，至少对中国的读者来说，大约很少有人（或根本没有）见过。[①] 这里给出两首，可以使我们对麦克斯韦有一个比较深刻和全面的了解。这首诗是麦克斯韦在看过威廉·汤姆逊发明的镜式电流计以后写的。诗中充分表达了麦克斯韦对新仪器的赞美和兴奋心情，麦克斯韦在诗中写道：

> 灯光落到染黑的壁上，
> 穿过细缝
> 于是那修长的光束直扑刻度尺，
> 来回搜寻，又逐渐停止振荡。
> 流啊，电流，流啊，让光点迅速飞去，
> 流动的电流，让那光点射去、颤抖、消失……
>
> 啊，瞧！多奇妙！多细，
> 更细，更清楚，
> 滑动的火！还有准线，

---

① 据香港中文大学童元芳教授在《水流花静——科学与诗的对话》一书中所说，伦敦皇家学院"麦克斯韦理论物理讲座"教授派克（E. R. Pike）对他说："我忝为麦克斯韦讲座教授，不要说没有读过他的诗，根本连他写的诗都不知道。"童元芳教授还说，在坎贝尔（Lewis Campell）写的麦克斯韦传记（*The Life of James Clerk Maxwell*）里收集了麦克斯韦的诗有 50 来首。

使读数更有精度，

多清楚，

摆动吧，磁铁，摆动吧！忽进，忽退，

摆动的磁铁，你最终到底停于何处？

啊，天哪！你没弄清楚

准确到十分之一的读数！

不，这不仅是什么精确的方法，

这简直是神明之术！

断开电流，断开吧，让光点自由飞去，

断开电流，让磁铁休息，让它慢慢停住。

　　还有一首苏格兰方言诗《可否请你跟我来》。这是一首情诗，透露出他将与妻子共结秦晋之好的甜蜜心情。全诗有 4 节，全部录下：[①]

一

可否请你跟我来

在春潮初涨的时光。

在这样宽广的世界里

安慰我，来到我身旁？

可否请你跟我来，

看一下学生如何在此成长，

在我们美丽的山坡上，

在我们自己的小溪旁？

---

① 这首诗和附录中的两首诗，均借用香港中文大学童元芳教授在《水流花静——科学与诗的对话》一书中的译文，特表示感谢！

二

因为小羊就快来，
在春潮初涨的时光；
那些小羊年年都来，
来到我们自己的小溪旁。
可怜的小羊不会留驻，
但我们会记得那一天，
我们第一次看到它们嬉戏
在我们自己的小溪旁。

三

我们向含苞的花树凝望，
在春潮初涨的时光；
微风如细语般在倾诉，
又轻轻滑过枝头而低唱，
䴗鸫在它筑巢的地方
工作了就休息，休息了又工作
在它最喜爱的树丛间，
在我们自己的小溪旁。

四

我们将共度此生，
在春潮初涨的时光。
虽然这世界如此宽广，
你真的要做我的新娘。
不论是责备，还是赞赏，
没有人能使我们天各一方，
使我们背离带来快乐的生活方式，
在我们自己的小溪旁。

为什么像玻尔兹曼、麦克斯韦、普朗克、爱因斯坦和海森伯这些在物理学领域里取得过突破性贡献的科学巨匠们，都显示出数学和诗歌、音乐方面特殊的才能呢？这是一个非常值得注意和研究的现象，据最近一些资料来看，这一现象说明不同思维方式的结合，对于科学研究有极重要的意义，数学、物理等自然科学的重大发现，仅仅靠严密的逻辑思维是绝不可能取得的。俄罗斯伟大的数学家柯瓦列夫斯卡娅（С. В. Ковалевская，1850—1891）说：

> 不能在心灵上作为一个诗人，就不能成为一位数学家。

杨振宁在一次接受采访时说：[①]

> 因此，我们可以知道自然界一定存在着一种秩序。而我们渴望全面了解和认识这种秩序，这是因为以前的经历多次告诉我们：研究得越多，我们对物理学的认识也就越深刻，越有前景；而且越美，越强大。
>
> 迈耶斯：您说的是美？
>
> 杨振宁：是的，我说的是美。如果你能将许多复杂的现象简化概括为一些方程式的话，那的确是一种美。诗歌是什么？诗歌是一种高度浓缩的思想，是思想的精粹。寥寥数行就道出了自己内心的声音，坦露出自己的思想。科学研究的成果，也是一首很美丽的诗歌。我们所探求的方程式就是大自然的诗歌。
>
> 这是一首很美的诗。当我们遇到这些浓缩精粹的结构时，我们就会有美的感受。当我们发现自然界的一个秘密时，一种敬畏之情就会油然而生，好像我们正在瞻仰一件我们不应瞻仰

---

① 摘自《大自然具有一种异乎寻常的美——杨振宁与迈耶斯的对话》，杨建邺译，《科学文化评论》，2007 年 4 期，105—109 页。

的东西一样。

科学大师们正是因为有了诗人般的想象力，才能不断开拓新的领域。一位科学家没有诗人的浪漫的气质、富于想象的能力，是不可能做出重大突破性发现的。麦克斯韦正是这种具有诗人气质的科学家，恰好他又生在电磁学正需要突破的年代，于是牛顿之后最伟大的发现，就荣幸地落在了他的身上。

写到这儿，不由得想到许多书籍对法拉第的评价存在偏颇，认为法拉第只是一个文化程度不高、数学水平太差的实验物理学家。错！法拉第的确没有受过正规的高等教育，但是由于他的好学、罕见的努力和坚忍不拔的精神，使他不仅成了技巧高超的实验大师，而且对哲学见解也有非常深刻和精到的认识。我们可以说，他的哲学见解超越了当时几乎所有的自然哲学家和科学家。例如，对于大自然统一和和谐的美学判断。他在实验日志里写道：

> 引力，当然这种力对电、磁和其他力能够得到一个实验关系，由此就能把它们在交互作用和等效效应中联系起来。……

然而实验却显示引力拒绝与其他力"绑在一起"。在实验日志中他写道，"结果是否定的"，但是他在后面又加了一句，"它们并没有动摇我认定引力与电力之间存在联系的强烈直觉"。十年之后他再次做实验，几乎用同样的话来结束他最后的文章。

在研究引力与其他力统一理论的优

法拉第经常给青少年做科学演讲，当时他的演讲成了伦敦的重大事件。参加的人非常多，几乎每一次都爆满

秀物理学家长长的队伍中，法拉第应该排在第一位。20世纪爱因斯坦研究了很多年也以失败告终。但是，到了20世纪末，建立一个包括引力和电磁力的统一场论，成了物理学的热门话题。20世纪末到21世纪初，人们对量子引力理论有了新的发现。至今，这方面的努力虽然还远远没有成功，但是物理学家们都不否认这是一个伟大的而且可以实现的梦想。

如果法拉第没有独到精湛的自然哲学见解，他的这些审美判断从何而来？法拉第是一个虔诚的桑德曼教派（sandemanian）的信徒，1840年还被选为教会的长老。他自己认为这是他一生中的大事。深挚的和根深蒂固的宗教信仰对他的自然哲学的形成有深刻的影响。他相信宇宙是按神意创造的，所以大自然不会表现出不和谐和不对称的样式。他在自然力中寻找和谐对称的样式，年复一年，至死不渝。这期间他多次获得的成功，使他的这种信仰更加坚定。

我们还应该注意到，法拉第对大自然的美情有独钟，而且非常善于欣赏和赞美大自然的美。在他的日志里有许多对大自然亲切的、兴致勃勃的欣赏、描述和赞美。我们不妨摘录一两段于下：

> 早上天气晴朗，非常美丽，下午有暴风雨，同样美丽。我从来没有见过这样漂亮的景色。一阵暴风雨来了，山的半边极暗，而另一半边却有明亮的阳光照着，在远处云端下面的森林和沼泽地上鲜绿色的光真是华丽堂皇。然后，闪电划过，接着是阿尔卑斯山优美的雷声轰鸣。结束了，又来一阵闪电，袭击了距我们不远处的教堂，随后着火了，结果损伤并不严重，很快地就过去了。

一次，一阵突如其来的雪崩声音和狂暴使他惊叹不止：

> 时不时有雷鸣雪崩，这种突如其来的雪崩声音非常微妙而

且庄重……在这样的距离看如此雪崩不仅不可怕反而很优美。很少能在一开始就目睹这景象，先是耳朵听见发生了一些奇怪的事，而后才看到，眼睛看到的是下沉的云或其他什么，在水流变成雪、冰和流体构成的一股喧嚣而猛烈的波浪式蜂拥而至的激流之前的景象，就像它下落穿过空气，看起来像水变稠了，而且就像它从下面堆积成块的倾斜表面溢出。运动起来像糨糊，停停走走，一团团地向后面堆积或消散。

由以上这些文字，你不觉得法拉第是一位风景抒情诗人吗？没有对大自然的美充满爱意和敬畏，没有很好的文学修养，他能够写出这么动人的抒情散文吗？

一个对物理学做出过深刻改变的大师，不可能不是崇敬、热爱大自然的诗人。这恐怕是我们必须承认的。

麦克斯韦方程组的提出

麦克斯韦在剑桥大学读书时，就认真研读过法拉第的《电学实验研究》，对法拉第提出的以电力线形象地表示的场的概念十分重视。虽然法拉第的整本著作里，连一个数学公式都没有，而且内容芜杂，但麦克斯韦却感觉到在法拉第的实验记录里，有一种光辉的思想在朦胧处闪耀着光芒。是什么呢？他也一下子说不准，但是他发现法拉第关于电场、磁场的"场"的观念，是法拉第物理思想的精髓。后来爱因

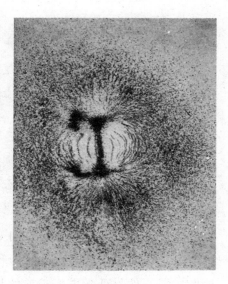

法拉第用铁屑显示磁场中的磁力线，以此证明磁场的存在

斯坦对法拉第的这一思想给予了高度评价："场的思想是牛顿时代以来，物理学的基础所经历的最深刻的变化。"

法拉第认为带电体和磁体之间的相互作用，必须依靠带电体和磁体在空间形成的电场和磁场，而绝非牛顿和安培所强调的"超距作用"。麦克斯韦相信法拉第提出的那些形象的电力线、磁力线也可以用数学形式表示，而且绝不比职业数学家的方法差。到1855年，他果然从法拉第的大量定性实验记录里，总结出了四个非常优美的数学公式。

1857年，当时麦克斯韦还没有完全完成他的工作，他把自己的部分结果寄给法拉第，当法拉第看到这些优美的公式后，可以说是惊喜交加。1857年3月25日，法拉第给麦克斯韦写了一封有趣的信，信中写道：

> 我亲爱的先生：
>
> 收到了您的文章我很感谢。我不是说我敢于感谢您是为了您所说的那些有关力线的话，因为我知道您做这项工作是由于对哲学真理感兴趣。但您必定猜想它对我是一件愉快的工作，并鼓励我去继续考虑它。当我初次得知要用数学方法来处理电磁场时，我有不可名状的担心；但现在看来，这一内容竟被处理得非常美妙。

麦克斯韦听了这种赞扬，当然十分兴奋，但他并没有满足这仅限于总结性的成果，他还渴求着新的突破。麦克斯韦首先是把已知的四个定律用数学方程表达出来——这就是伟大的麦克斯韦方程。

但是麦克斯韦很快发现这四个数学公式中，安培定律和法拉第电磁感应定律之间缺乏一种对称性。就在这时，麦克斯韦勇敢地做出了一件物理学史上空前的壮举：他从对称性的考虑出发，大胆提出了一个假说，即法拉第证明变化的磁场可以产生传导电

流 I_c（conductive current），那么根据对称性法则，变化的电场也应该可以产生一种电流，麦克斯韦把这种电流称为位移电流 I_d（displacement current），位移电流 I_d 和传导电流 I_c 一样，也可以从空间产生磁场。对此杨振宁教授曾经在《从历史角度看四种相互作用的统一》一文中写道：

> 麦克斯韦到底做了什么事情呢？他就是把……电磁学里的四个定律写成了四个方程式。第一个是库仑定律，第二个是高斯定律，第三个是安培定律，第四个是法拉第定律，其中 E 是电场，H 是磁场。
>
> ……麦克斯韦把这几个方程式写出来后发现了一个问题，这个问题在方程式写出之前大家都没有注意到，法拉第没有注意到，麦克斯韦也没有注意到。麦克斯韦最初写出的四个定律没有 $\dot{E}$ 这一项，写出后他发现这四个公式实际上是不相容的，里面彼此要发生矛盾。单看这四个定律，如不把它写成数学的公式那就不太容易了解它们之间是不相容的。可是写成了数学的公式，便可以运用数学中积累了好几个世纪的一些知识，做一些运算，这样麦克斯韦就发现它们的不相容。为了使它们相容，他（在安培定律中）加了一项 $\dot{E}$，就是电场对时间的微商。

下面就是麦克斯韦加了 $\dot{\vec{E}}$ 一项以后的麦克斯韦方程组：

$$\vec{\nabla} \cdot \vec{E} = 4\pi\rho$$

$$\vec{\nabla} \cdot \vec{H} = 0$$

$$\vec{\nabla} \times \vec{H} = 4\pi\vec{j} + \dot{\vec{E}}$$

$$\vec{\nabla} \times \vec{E} = -\dot{\vec{H}}$$

杨振宁接着说：

　　加了这一项，就变成相容的了，而且又不违反原来法拉第的定律和安培的定律。这是物理学史上一个非常重要的发展。

　　这样，他的方程组就具有了完美的对称形式，有了这四个方程，再利用数学方法，麦克斯韦竟然推出电磁场的波动方程，而且发现光也是一种电磁波！

光学从此成为电磁学的一个分支。

在物理学发展史上，麦克斯韦是第一个在没有充分经验事实的情况下，仅依靠纯抽象的、数学上的对称性，就提出了电磁波的假说，并将光和电磁波统一起来，这不能不说是一件划时代的重大历史事件。在对称性思想认识的历程上这更是一件特别值得注意的事件：麦克斯韦在经典物理范围内把对称性这一思想推上了新的高峰。也许正是因为这一思想方法是如此新颖，致使一些与麦克斯韦同时代的伟大物理学家如玻耳兹曼、亥姆霍兹都不能立即接受麦克斯韦的电磁理论。德国物理学家、诺贝尔奖获得者劳厄曾说过：

　　尽管麦克斯韦理论具有内在的完美性并和一切经验相符合，但它只能逐渐地被物理学家们接受。它的思想太不平常了，甚至像亥姆霍兹和玻尔兹曼这样有异常才能的人，为了理解它也花了几年的力气。

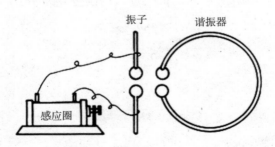

赫兹实验室里用他设计的实验仪器寻找电磁波

直到 1888 年，德国物理学家海因里希·赫兹用奇妙的电火花实验证实了电磁波的存在以后，人们才不仅承认了麦克斯韦的伟大理论，而且莫不惊叹对称性威力如此之大。

麦克斯韦方程的美，以及它的重要性，随着时间的逝去，显得越来越清楚。爱因斯坦最先认识到这组方程的美在哲学、物理中的深刻内涵。1931 年在纪念麦克斯韦诞辰 100 周年时，爱因斯坦指出：

> 在现实观念的变革中，这是自牛顿时代以后，物理学所经历的最深刻和最富有成果的一场革命。

在 1946 年的《自述》一文中杨振宁写道："在我的学生时代，最使我着迷的课题是麦克斯韦的电磁场方程。"

杨振宁教授清楚地说道：

> 一直要等到 1905 年爱因斯坦发表了那篇伟大的论文之后，人们才理解了麦克斯韦方程组真正的意义。麦克斯韦方程组的重要性无论怎样估计也不会过分。麦克斯韦方程就是电磁论。假如没有我们对麦克斯韦方程组的理解，那就不可能有今天这样的世界。直到今天，麦克斯韦方程组的深刻含义仍在继续探讨之中。

杨振宁不懈地研究过麦克斯韦方程对现代物理学的重大价值，在 2014 年写的文章里（附在第八章杨－米尔斯方程之后），他写道：

> 早在法拉第的"电紧张态"和麦克斯韦的矢量势概念中，规范自由度的存在就已经不可避免。它如何演化成为一个支撑粒子物理标准模型的对称原理？

这里有一段值得叙说的故事。人们常说，继库仑、高斯、安培、法拉第发现了电学和磁学的四条实验定律之后，麦克斯韦引入了位移电流，在他的麦克斯韦方程组中实现了电磁学的伟大综合。这种说法不能说是错的，但它并没有道出微妙的几何和物理直觉之间的关联，而正是这种关联促使场论在 19 世纪取代了超距作用的概念，也正是它带来了 20 世纪粒子物理中非常成功的标准模型。

因此对麦克斯韦方程的巨大贡献，我们还应该有进一步的认识才行。这在第八章中还会做若干补充。

聪明的读者也许会发现，麦克斯韦方程组仍然还有不对称的地方：库仑定律和高斯定律前者不等于零，而后者却等于零。这不是明显的不对称吗？说得对！这儿的确显示出一种不对称性。狄拉克早就发现了这一点，它起因于磁体不像带电体有单独电荷存在。如果磁单极（monopole）不存在，高斯定律就只能为零。如果真像狄拉克设想的那样有磁单极，这一个不对称性就消除了，麦克斯韦方程组也就完全对称。

但是，当代物理学至今还没有在实验中找到磁单极存在的证据。这也是 21 世纪物理学家艰难的任务之一。

三、量子力学的基石
——普朗克方程

普朗克方程式：

$$u(\lambda, T) = \frac{2hc^2}{\lambda^5} \cdot \frac{1}{e^{\frac{hc}{\lambda kT}} - 1}$$

这个方程式表示某一波长 λ、周期 T 的辐射能量分布 u 的公式，h 为普朗克常数，c 为真空中光转播的速度，k 为玻尔兹曼常数（Boltzmann constant）。这个方程很复杂，本书读者在这儿不必追根究底，只知道是一些什么物理量组合为一个复杂的方程就可以了。

这个方程的出现和被确认，经历了一个很有趣而复杂过程。

1. 紫外灾难的出现

导致基本粒子物理学发生一场重大的革命的关键问题之一，就是黑体辐射（black-body radiation）问题。给物体加热，物体自己的温度会提高，同时这物体还会向四周辐射热量。为了辐射问题研究的方便，德国物理学家古斯塔夫·罗伯特·基尔霍夫（Gustav Robert Kirchhoff，1824—1887）提出一个黑体模型，这样研究热辐射就方便得多。所谓黑体，就是只吸收热辐射而不向外释放热辐射的一种理想物体模型。

热辐射在当时是一门年轻的物理学分支，它是由瑞典化学家卡尔·威尔海姆·舍勒（Carl Wilhelm Scheele，1742—1786）在研究光谱时首先提出来的。19世纪末期，由于炼钢、电灯照明等生产技术上的需要，对热辐射进行精密的实验观测和理论研究，得出一些热辐射的规律，即热辐射能量的分布与辐射波长等之间的数学关系式，在当时这是一个很重要的研究课题。世界各国尤其是德国，很多科学家投入到这项研究工作之中。

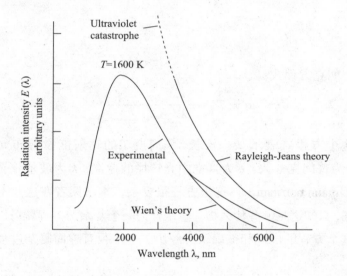

图中纵坐标是辐射强度，任意单位均可；横坐标是波长λ，单位纳米。
Experimental 指（卢梅尔－普林塞姆的）实验值；Wien's theory 指维恩理论值；Rayleigh-Jeans theory，指瑞利－金斯理论值；Ultraviolet catastrophe 是指紫外灾难

　　在研究热辐射问题的时候，出现了一个物理学史上有名的"紫外灾难"。这个灾难起源于英国物理学家约翰·瑞利（John W. S. Rayleigh，1842—1919，1904年获诺贝尔物理学奖）和詹姆斯·金斯（James Jeans，1877—1946）提出一个黑体辐射公式（公式略）；除了瑞利－金斯公式以外，还有德国物理学家威廉·维恩（Wilhelm Carl Werner Otto Fritz Franz Wien，1866—1938，1911年获得诺贝尔物理学奖）提出的。从经典理论来看，维恩公式有无懈可击的逻

辑严密性，而且维恩辐射分布律在低频（长波）部分与瑞利－金斯公式的计算值和实验一致；但这个公式有一个致命的缺点，就是在高频（短波）部分与实验结果发生了很大分歧：辐射能量密度趋向无限大，公式是发散的（见上页图中虚线部分）。后来，荷兰物理学家埃伦菲斯特（Paul Ehrenfest，1880—1933）将这一代表经典物理的严重失误称为"紫外灾难"。

结果虽然荒谬，但推导在逻辑上却无懈可击。

开始，英国物理学家瑞利和开尔文勋爵（Lord Kelvin，1824—1907）还认为称之为"灾难"，有一点言过其实，耸人听闻，而且他们以为不会费多大的劲就会安然度过这场"灾难"。但是他们完全没有料到的是，这场"紫外灾难"孕育的竟是一场物理领域的重大革命。

之所以在热辐射的研究中爆发这场革命，是完全可以理解的，因为这个研究领域涉及刚建立不久的热力学、统计力学和麦克斯韦的电磁理论，在这些新学科交叉的领域里，理论的不完善最容易得到彻底的暴露。

在这场革命中，迈出第一步的是年过40的、以老成持重出名而且可以说缺乏革命气质的普朗克（Max Planck，1858—1947，1918年获诺贝尔物理学奖）。

普朗克于1858年4月23日生出于德国的基尔，高中毕业后决定攻读物理。普朗克后来回忆他的这一选择时说：

> 当我开始研究物理学和我可敬的老师P.约里对我讲述我学习的条件和前景时，他向我描述了物理学是一门高度发展的、几乎是尽善尽美的科学。现在，在能量守恒定律的发现给物理学戴上桂冠之后，这门科学看来很接近地采取最终稳定的形式。也许，在某个角落里还有一粒尘屑或一个小气泡，对它们可以去进行研究和分类，但是，作为一个完整的体系，那是建立得

足够牢固的；而理论物理学正在明显地接近于如几何学在数百年中所已具有的那样完善的程度。

这种几乎是盲目的乐观，不久就被事实证明是毫无根据的。

在柏林大学学习期间，普朗克曾受到亥姆霍兹和基尔霍夫的指导。1879 年，普朗克以论文《论机械热第二定律》答辩，取得了哲学博士学位。普朗克在自己的博士论文中，对鲁道夫·克劳修斯（Rudolf Clausius，1822—1888）的不可逆性（irreversibility）提出了某些批评，并提出了表达熵（entropy）定律的公式。普朗克一开始就把熵的问题作为自己研究的重点，实在很有见地。此后，从 1880 年到 1890 年的十年间，他都一直专心致志于热力的研究。后来，普朗克的学生马科斯·冯·劳厄（Max von Laue，1879—1960，1912 年获诺贝尔物理学奖）对此曾有过一段评论：

> 由于普朗克从事了二十年的热力学研究，并对当时还被许多人误解的熵的意义有明晰的认识，这对他后来从事热辐射研究并取得重大突破，是很有利的。

德国物理学家普朗克

普朗克开始研究热辐射是 1896 年。普朗克之所以转向热辐射研究，据他在他的《科学自传》（Scientific Biography）一书中说，是因为他对黑体辐射中的基尔霍夫定律与物体性质无关这一特点极感兴趣，因为这"代表着某种绝对的东西"，而普朗克一直认为，"具有重要意义的是，外部世界乃是一个独立于我们之外的绝对的东西，而追寻适合于这个绝对东西的规律，实乃科学生涯最美妙的使命了"。

1899 年，他受基尔霍夫定律和维恩定律的启发，才明白研究黑体辐射问题，只有把电磁学方法和热力学方法结合起来才能解决问题。他利用这种方法提出了一个辐射公式，但不大成功。

当时，关于热辐射分布有许多不同的公式，其中受人们重视的有两个：一个是德国物理学家维恩提出来的，另一个是英国物理学家瑞利于 1900 年 6 月由经典理论提出的。

1899 年 11 月 3 日，德国实验物理学家卢默尔（Otto Lummer，1860—1925）在德国物理学会上报告了他和普林塞姆（Ernst Pringshem，1859—1917）的实验报告，该报告指出，维恩定律在短波和常温范围内与实验符合极好，但在光谱的红外部分出现了明显的偏差，这反映了维恩的理论有问题。

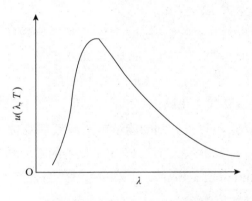

辐射场能量密度按波长的分布曲线

到 1900 年 10 月 7 日，普朗克的好友、实验物理学家鲁本斯（Heinrich Rubens，1865—1922）告诉普朗克说，他和库尔鲍姆（F. Kurlbaum，1857—1927）的实验证明瑞利公式在长波部分与实验观测符合得很好，但在短波部分却符合得不好。

从经典理论来看，瑞利提出的公式是从电磁理论、经典统计力学严格推导出来的，其逻辑的严密性应该是无懈可击的，但它在短波部分求出的能量密度却趋向无穷大，这对经典物理学不啻是一重大打击。因为这一"灾难"充分暴露经典物理学在研究热辐射问题上有严重困难。

普朗克得知了鲁本斯的实验结果后，他就开始想到，既然维恩公式在短波部分正确，而在长波部分能量分布又与温度成正比，那么，如果仍然以热力学普遍关系为出发点，同时采用一种数学上的内插法（interpolation technique），也许可以得到一个新的公式。

从 1900 年 10 月 19 日到 12 月 24 日两个多月，普朗克自己认为是他一生最困难的时期。经过反复研究，他得到一个热辐射公式，他发现要对自己的公式做出合理的解释，只有承认玻尔兹曼分子运动论的观点，求助于统计的方法，以解决物质与辐射之间的平衡问题。在迈出了这关键的一步之后，并以熵和概率之间的关系为契机，普朗克做了一个大胆的假设：

"物体在发射和吸收辐射时，能量不按经典物理规定的那样必须是连续的，而是按不连续的，以一个最小能量

$$\varepsilon = nh\nu \ (n=1, 2, 3, \cdots)$$

以单元整数倍跳跃式变化的。"

这个最小的、不可再分割的能量单元 ε，普朗克称之为"能量子"（energy quanta），其数值大小为 $h\nu$，ν 是振子的辐射频率，h 叫作"作用量子"（quantum of action），后来普遍称之为普朗克常数（Planck constant），其数值为：

$$6.6260693(11) \times 10^{-34} \text{Js}$$

普朗克由此获得一个和实验结果一致的纯粹经验公式，即著名的普朗克方程（Planck equation）：

$$u(\lambda, T) = \frac{2hc^2}{\lambda^5} \cdot \frac{1}{e^{\frac{hc}{\lambda kT}} - 1}$$

（这些物理符号在本节开始的地方做过介绍。）

1900 年 10 月 19 日周五，普朗克在德国物理学会的一次会议上，

在以《论维恩光谱定律的完善》为题的报告中，公布了这一方程式。当天晚上，鲁本斯就把普朗克新的辐射方程同他所拥有的测量数据进行了仔细的核对，结果他发现，普朗克方程与实验数据在任何情形下都非常精确地相符。鲁本斯深信这绝非巧合，普朗克方程里一定孕育着一个重要的真理。

第二天早晨，鲁本斯迫不及待地把好消息告诉了普朗克，普朗克大受鼓舞。他深知他得到的方程式，原本是根据实验数据凑出来的一个半经验方程式，得不到任何理论上的解释。这是一个方程式比科学家聪明得多的最典型范例！正确的方程被普朗克找出来了。但是他却不懂这个方程的伟大意义和作用！他此后经过两个月紧张的研究，才终于弄清楚其中一部分原理，要想全部懂得这个方程中深藏的奥秘，那还得物理学家几十年的努力！

普朗克曾回忆过这一段时期的思想活动，他说：

> 即使这个新的辐射方程式竟然能证明是绝对精确的，但是如果把它仅仅看作是一个侥幸揣测出来的内插公式，那么它的价值也只是有限的。正是由于这个原因，从它 10 月 19 日被提出之日起，我即致力于找出这个方程的真正物理意义。这个问题使我直接去考虑熵和概率之间的关系，也就是说，把我引到了玻尔兹曼的思想。

此后，普朗克紧张地工作了两个月，正如他自己所说："可以简单地叫作孤注一掷的行动。"他后来还详细谈到过当时他的思想活动：

> 我生性喜欢和平，不愿进行任何吉凶未卜的冒险。然而到那时为止，我已经为辐射和物质之间的平衡问题徒劳地奋斗了六年（从 1894 年算起）。我知道这个问题对于物理学是至关

重要的，也知道能量在正常光谱中的分布的那个表达式。

因此，一个理论上的解释必须不惜任何代价非把它找出不可，不管这代价有多高。我非常清楚，经典物理是不能解决这个问题的。而且按照它，所有能量最终将从物质转变为辐射。为了防止这一点，就会需要有一个新的常量来保证能量不会分解。而使人们认识到如何能够做到这一点的唯一途径，是从一个确定的观点出发。摆在我面前的这个观点，是维持热力学的两条定律。我认为，这两条定律必须在任何情况下都保持成立，至于别的一些，我就准备牺牲我以前对物理定律所抱的任何一个信念。

1900 年 10 月 24 日周三，普朗克以《正常光谱中能量分布的理论》为题，在德国物理学会上正式宣布了自己大胆的假说。以后，人们即将这个日子定为"量子论的诞生之日"。

普朗克的辐射理论在发表后近十年内，他的方程式受到物理学家们的重视，也被用作继续研究热辐射的有力工具，但是这个方程式设定的前提 $\varepsilon=nhv$，却一直不被包括普朗克在内的物理学家们所接受和承认。可见，物理学家要弄明白自己发现的方程式，有多么困难！

自从力学研究以来，一切自然过程都被理所当然地看成是连续的。德国数学家莱布尼茨曾说过：

现在把未来抱在怀中，任何一个给定的状态只能用紧接在某前面的那个状态来解释。如果对于这一点要提出疑问，那么，世界将会呈现许多间隙，而这些间隙就会将这条具有充分理由的普遍原理推翻，结果将迫使我们不得不去乞灵于奇迹或纯粹的机遇来解释自然现象了。

他还有一句名言："自然界无跳跃。"（Nature without jumping.）

麦克斯韦方程的伟大胜利，是连续性思想继微积分的建立后又一次伟大的胜利。所以，人们不愿意接受普朗克的量子假设，而只承认普朗克与实验相符的普朗克方程，就是非常自然的事情。

方程式显示出自己独立的魅力和能量，但这个方程起源的"能量子"观念，则几乎不被所有物理学家认可！这在物理学史上可以说是一件非常奇怪的事情。因此这就不难解释，在1908年罗马举行的第四届国际数学会议上，为什么荷兰著名物理学家洛伦兹（Hendrik Antoon Lorentz，1853—1928）还在为一个老旧的辐射公式——瑞利－金斯公式（Rayleigh-Jeans formula）——辩护，而不承认普朗克的辐射公式。

更令人不安的是普朗克本人。虽说他"不顾一切地"提出了具有革命意义的量子理论，但他本人不是一个自觉的革命者。在他的《科学自传》中他承认，开始他根本没有清楚地认识到自己的理论有多么了不起的意义，他甚至认为自己的理论"纯粹只是一个形式上的假设"（is a form of pure hypothesis），他也没有"对它想得很多，而只是想到要不惜任何代价得出一个积极的成果来"。而且，当这个方程威力越来越大的时候，他反而越来越感到犹豫和畏缩。1909年，他曾告诫自己和别人：

> 在将作用量子 h 引入理论时，应当尽可能保守从事；这就是说，除非业已表明绝对必要，否则不要改变现有理论。

到1914年，普朗克在量子理论上又做过一次大的后退。直到1915年，玻尔提出的氢原子模型被人们接受以后，他才放弃了自己徒劳无益的后退行为。对自己的后退行为，普朗克曾做过自我批评：

> 企图使基本作用量子与经典物理理论调和起来的这种徒劳无益的打算，我持续了很多年（直到1915年），它使我付出了巨大的精力。我的许多同僚们认为这近乎是一个悲剧，但是我对此有不同的看法。因为我由此而获得的透彻的启示是更有价值的。我现在知道了这个基本作用量子在物理学中的地位远比我当初所想象的重要得多，并且承认这一点使我清楚地看到处理原子问题时引入一套全新的分析方法和推理方法的必要性。

你看，在普朗克方程式被普朗克提出15年之后，他才有"不同的看法"，才"知道了这个基本作用量子在物理学中的地位远比我当初所想象的重要得多"。

方程式比人要聪明多少啊！

2. 爱因斯坦使普朗克坐立不安

我们还要注意的是，普朗克不仅仅对自己的量子假设没有应有的重视，而且还坚定地认为：电磁现象即使存在"不连续性行为"，也只能发生在电磁现象的辐射和吸收过程中，至于电磁波的传播则仍然一如既往是连续的。这种认识在今天看来，已经是够不彻底的了，但当时普朗克却还嫌它过分偏离经典物理，一直想往后退。正当普朗克在设法往后退的时候，爱因斯坦却看出了方程式中的一些奥秘！因而这个公式在量子论的推广的过程中做出了巨大的贡献。

1905年春天，爱因斯坦（Albert Einstein，1879—1955）在德国《物理学纪事》（*Annalen der Physik*）第17卷上，发表了题为《关

于光的产生和转化的一个启发性观点》的论文。在这篇论文中，他提出光不仅只是在发射和吸收时按 hv 不连续地进行，而且在空间传播时，也是不连续的。他认为麦克斯韦的波动理论仅仅对时间的平均值有效，而对瞬时的涨落现象（fluctuation phenomena），则必须引用粒子观点。他在论文中写道：

> 在我看来，如果假定光的能量不连续地分布于空间的话，那么，我们就可以更好地理解黑体辐射、光致发光、紫外线产生阴极射线以及其他涉及光的发射与转换的现象的各种观测结果。根据这种假设，从一点发出的光线在传播时，在不断扩大的空间范围内能量不是连续分布的，而是由一个数目有限的局限于空间的能量量子所组成，它们在运动中并不瓦解，并且只能整个地被吸收或发射。

他把这些不连续的能量子取名为"光量子"（light quantum）。波动的振幅（即光强）决定于光量子在某点上的数目；不过，这数目只是一种统计上的平均值。人们也许永远无法知道在某一特定时间内，某一光量子究竟确实在哪儿，这就像掷骰子一样，当你把骰子掷出去时，你根本不知道会出现哪一个数。

爱因斯坦并不认为自己的假说是绝对真理，因为他不相信"上帝在掷骰子"（Don't believe in god at dice）。但此后物理学的发展大大超过爱因斯坦的预料，物理学家发现，"上帝"在很多地方的确在掷骰子，而且像霍金所说的那样，有时"骰子还被掷不见了"（The dice is hurled out of sight）！由此可见，爱因斯坦比普朗克聪明得多，他看出不连续性的重要性和普遍性，但是他还是害怕上帝"真的掷骰子"！

爱因斯坦的"启发性的观点"刺激、诱发了日后许多伟大的发现。正像爱因斯坦把普朗克的作用量子用到光量子，解释光的传播，引起了普朗克坐立不安一样，此后哥本哈根学派在光量子理论的激发下，提出了许多也让爱因斯坦深表不安的理论。物理学的发展过程中，真是充满了戏剧性挑战的事件，这也正是物理学历史非常惊险而有趣的原因！这些戏剧性大都是因为方程式比物理学家聪明得多，因而把物理学家弄得稀里糊涂，常常处于十分尴尬的境地。

1926 年，美国物理学家刘易斯（G. N. Lewis，1875—1964）把光量子改称为"光子"（photon）。这一名称沿用至今。

爱因斯坦的光量子理论，极完满地阐明了十几年来人们一直无法解释的光电效应（photoelectric effect）这一难题。尽管如此，爱因斯坦的光量子理论一经提出，立即遭到了几乎所有老一辈物理学家的反对。连普朗克这位首先提出能量子概念，并首先支持狭义相对论的杰出物理学家，也认为爱因斯坦"在其思辨中有时可能走得太远了"，并一再告诫物理学家们应从"最谨慎的态度"对待光的量子说。

爱因斯坦的理论不能立即为人们接受，除了它完全背离了经典物理原来的理论以外，还有一个原因是当时有关光电效应的实验都是很粗糙、很原始的。据光电研究的先驱、美国物理学家唐纳德·休斯（Donald J. Hughes，1915—1960）说："当时关于光电效应的知识是非常原始的。光电的真空工作并未做过，即或做了一些工作，也是在非常恶劣的情况下，在非常不好的真空中做的。事实上，在测定一定电路中足以制止光电流所需的遏止电压方面尚未有任何成果"，其他一些实验也"仅仅是一些非常粗糙的测量，很难设想能够从它们得到任何基本的了解"。

美国物理学家密立根（R. A. Millikan，1868—1953，1923 年获得诺贝尔物理学奖）也说过类似的话，对于爱因斯坦提出的光电效应方程

$$\frac{1}{2}\,mv^2 = h\nu - p = Ve$$

（m 为电子质量，v 为电子运动速度。h 为普朗克常数，v 为光的频率，p 为光子的动量，V 为加速电子的电压，e 为电子的电荷），密立根曾经说过：

> 那个时候实际上根本没有任何实验数据能够说明上述电位差（V）与频率 v 的关系是什么性质的，也不能说明在方程中假设的物理量 h 是不是比普朗克常数 h 更大的一个数，……甚至爱因斯坦提出自己的假说之前，这些论点中连一个都没有验证过，而且这个假说的正确性在不久以前还被拉姆威尔无条件否定过。

但到 1915 年，情况变得对爱因斯坦有利了，因为密立根用精密实验证实了爱因斯坦的光电效应方程是绝对正确的。

1909 年到 1912 年，当密立根用著名的油滴实验（Oil drop experiment）以准确度达到 10^{-3} 的误差测定了电子电荷值为 $e=1.6 \times 10^{-19}$C 以后，他的兴趣立即转向爱因斯坦光电效应方程的实验证明上来。

开始，他并不是想证实爱因斯坦方程是对的，恰恰相反，他是想证实它绝对是错误的。但当他从 1912 年起克服了巨大困难，用他那灵巧的实验技能连续进行了三年的实验以后，到 1915 年，他意外地发现他已经用实验证实了爱因斯坦方程的每个细节都是正确的，而且他还成功地测出普朗克常数 h（这是密立根又首先测出的一伟大的基本常数值）。密立根尊重实验事实，放弃

美国物理学家密立根在实验室里

了自己原先的错误打算，宣布了下面的结论：

> 看来，对爱因斯坦方程的全面而严格的正确性做出绝对有把握的判断还为时过早，不过应该承认，现在的实验比过去的所有实验都更有说服力地证明了它。如果这个方程在所有的情况下都是正确的，那就应该把它看作是最基本的和最有希望的物理方程之一。

在那个时候，大多数物理学家还不相信量子论，而密立根竟能用精密实验去验证它，而且还测出了普朗克常数的数值，这的确是非常杰出的贡献。最有意思的是，虽然密立根用实验证实了爱因斯坦光电效应方程，但是密立根却坚决不承认光量子假说！他说，他的实验只不过证实了爱因斯坦的方程，而并没有证明光量子的假说是正确的！物理学家什么时候才能够与方程式一样聪明呢！

密立根是一位优秀的实验物理学家，但是他缺乏扎实的理论物理修养，因此总是在理论上弄出令人感到可笑的尴尬事。但是不论如何，密立根的实验使当时物理学界开始倾向于接受光量子的概念。

通过光电效应来说明光量子的存在，总让物理学家们感到有某种间接的性质，所以大部分物理学家还没有最终确认光量子的真实存在。真正让人们接受光量子概念的是美国物理学家阿瑟·康普顿（Authur H. Compton，1892—1962，1927 年获得诺贝尔物理学奖）的实验。

德国物理学家海森伯（Werner Heisenberg，1901—1976，1932年获得诺贝尔物理学奖）后来回忆说："正在这时，康普顿的论文出现了，它占据了许多人的心。这篇论文强有力地表明了光量子图景的实在性。"

海森伯指的"论文"，即美国实验物理学家康普顿发表的关于"康普顿效应"（Compton effect）的论文。由此可知，康普顿效应的发现一开始就在原子物理学家中产生了很大的影响。有人认为，康普顿效应的发现是量子理论发展的一个"转折点"，此言不虚！康普顿效应简述如下：

当一束 X 射线射到比较轻（即原子量较小）的物质上时，有一部分 X 射线发生散射。奇怪的是，散射的 X 射线波长比原来的 X 射线的波长要长一些，这种现象叫康普顿效应。人们曾经用各种办法来解释这一现象，但都失败了。1918 年，美国物理学家康普顿开始研究这一现象。到 1922 年，他抛弃了经典光学理论，用爱因斯坦的光子学说与电子碰撞现象来解释康普顿效应，结果大出人们的意料，他获得了巨大的成功！

光子理论由于对康普顿效应实验解释的成功，获得了决定性的胜利。

但事情并没有在这儿结束。无论是爱因斯坦还是康普顿，他们都不会忽视和否定不久前电磁波理论所取得的辉煌胜利，这就迫使人们必须接受一个像"人面狮身像"这样的怪物了，即光时而是波，时而又是粒子。这种双重形象使人们感到惶惑、不安，因为我们都知道，波是弥散于整个空间的，而粒子是聚集在一个很小的空间里的。这种十分矛盾的现象的确让几乎所有的物理学家感到为难。但是康普顿对这种极为矛盾的现象抱持一种乐观的态度，还做出一个重要的预言：

> 不管怎样，散射问题与反射和干涉是如此紧密地联在一起，对它的研究很可能给干涉现象与量子理论的关系这一难题投入一线光明。

康普顿的期望，不久就在法国物理学家路易斯·德布罗意（Louis de Broglie，1892—1987，1919 年获得诺贝尔物理学奖）、奥地利物理学家埃尔文·薛定谔（Erwin Schrodinger，1887—1961，

1933 年获得诺贝尔物理学奖）和德国物理学家马克斯·玻恩（Max Born，1882—1970，1954 年获得诺贝尔物理学奖）等一大批物理学家共同努力之下解决了。

　　看完这一节之后，我们可以更加明晰地看到，物理学家提出的方程，差不多永远比提出这个方程的物理学家本人，要聪明和有远见得多。这是一个非常奇怪而令人深思的现象。

四、引力的几何语言
——广义相对论方程

$$R_{\mu\nu} - \frac{1}{2} Rg_{\mu\nu} = \kappa T_{\mu\nu}$$
$$(\kappa = \frac{8\pi G}{c^4})$$

这是爱因斯坦广义相对论的场方程，它是一个二阶非线性偏微分方程。

这个方程中的 R、g 和 T 都代表张量（tensor），张量理论是数学的一个分支学科，在力学中有重要应用。张量这一术语起源于力学，它最初是用来表示弹性介质中各点应力状态的，后来张量理论发展成为力学和物理学的一个有力的数学工具。张量之所以重要，在于它可以满足一切物理定律必须与坐标系的选择无关的特性。张量概念是矢量概念的推广，矢量是一阶张量（one order tensor）。张量是一个可用来表示在一些矢量、标量和其他张量之间的线性关系的多线性函数。上式中 κ 是常数，下标 μ 和 ν 代表时间和空间的 4 个坐标，所以每个张量是一个 4×4 的形态，总共有 16 个数。两者是对称的，这表明把 μ 和 ν 互换不会造成改变，因此只要 10 个数就可以表示张量了。所以这个公式包含了 10 个方程式，相较于麦克斯韦方程式，我们通常用复数形态来表示它。$R_{\mu\nu}$ 是黎曼张量，它定义了时间和空间的形状；$g_{\mu\nu}$ 为度规张量——里奇曲率张量（Ricci curvature tensor），是黎曼曲率概念的修正，描述时空中两点的距离，是该方程的待求量。而 $T_{\mu\nu}$ 是描述物质运动情况的量，对于不同的物质 $T_{\mu\nu}$ 取不同形式，用来形容这两个基础量如何取决于相关的时空事件。式中 G 为引力常数，c 为真空中的光速。

1915 年爱因斯坦在普鲁士科学院（Prussian Academy of Science）发表了这个结果，他称这个新的理论为"广义相对论"。

1. "我一生最愉快的思想"

当大部分物理学家还没有领悟到狭义相对论中对称性（symmetry）的重要性的时候，爱因斯坦却开始对狭义相对论不满意了。他发觉狭义相对论仍然有一种"内在的不对称性"，他又决心去建立有更高级对称的相对论理论。很多人不明白爱因斯坦到底想干什么，连普朗克都不知道这个爱因斯坦到底又着了什么魔。我们知道，是普朗克教授首先发现狭义相对论的价值，并推荐爱因斯坦到柏林来出任物理研究所的所长，使爱因斯坦迅速闻名于欧洲。当爱因斯坦不满意狭义相对论时，普朗克问道："不是一切都很好了吗，你又在忙活什么呀？"

爱因斯坦说："烦人的事多着呢，狭义相对论中的不对称性，最令我心烦。"

普朗克不解，又问："又是什么样的不对称性呢？"

原来是这么一回事：我们知道，牛顿定律对所有惯性参照系都是一样的，但对于非惯性系牛顿定律就不适用了，例如，我们对一个物体作用一个力 F，

普朗克和爱因斯坦

这个物体就会得到一个加速度，由牛顿第二定律可以算出，加速度 a 为：

$$a = F/m$$

式中 m 为物体的质量。不论各个惯性系之间速度有多大差异，这个 a 对所有的惯性系都是同一个值。爱因斯坦问：

"为什么有这样一种特殊的参照系呢？"

爱因斯坦发现狭义相对论仍然存在"一个固有的认识论上的缺点"，即它与牛顿力学一样，都将惯性参照系放在一个特殊优越的地位上，爱因斯坦认为这仍然是一种"内在的不对称性"的表现。他曾尖锐地指出：

> 当我通过狭义相对论得到了一切所谓惯性系对于表示自然规律的等效性时（1905 年），就自然地引起了这样的问题：坐标系有没有更进一步的等效性呢？换个提法：如果速度概念只能有相对的意义，难道我们应该固执地把加速度当作一个绝对的概念吗？

我们知道，在牛顿力学中速度是一个相对量，加速度是一个绝对量。如果进一步问，加速度相对什么而言呢？回答多半会是：相对于任何一个惯性系。这个回答能令人满意吗？爱因斯坦不满意，他说：

> 无论是从物理学上还是从美学上看，这个答案都是相当不能令人满意的。牛顿完全明白这一点。世界上究竟是什么东西，把惯性参照系从所有参照系挑选出来作为无加速运动的标准？牛顿没能找到答案，因而假设了绝对空间的存在。

从对加速度绝对性的思考中，爱因斯坦发现狭义相对论与牛顿力学有着共同的基础。如果说狭义相对论否定了以洛伦兹静止以太形式出现的绝对空间，但却如同牛顿力学一样，无法对以惯性系形式出现的绝对空间做出令人满意的解释。狭义相对论和牛顿力学一样，都将惯性系放在一个特殊优越的地位上。

狭义相对论的另一个缺陷是它不能容纳引力现象。爱因斯坦起初并不明白这一点，只是当他试图在狭义相对论的框架里处理引力问题时，他才发现了一个难以克服的困难：根据狭义相对论的一般考虑，物理体系的惯性质量 m_i 将随其总能量的增加而增加，但匈牙利物理学家厄缶（Roland Eötuös，1848—1919）通过精确的扭秤实验证明，不同物体的惯性质量 m_i 与引力质量 m_g 之比 m_i/m_g 在 10^{-8} 精度范围内是相等的（现在已经超过 10^{-9} 的精度），即对任何物体而言，m_i/m_g 等于一个常数。其实，这是一个人们早已知道的事实，200 多年前伽利略在他那有名的比萨斜塔实验中，就已经得出结论：在地球的引力作用下所有物体的加速度都是相同的。这一结论经过简单的数学处理，即可得到 m_i/m_g 等于常数，可惜这一古老而又经过反复实验证实的事实，却不能由经典力学和狭义相对论做出任何解释。

除此之外，牛顿万有引力公式具有超距和瞬时作用的性质，与狭义相对论中相互作用只能在有限速度传递的原则是相互矛盾的；而且牛顿的引力理论只能用伽利略变换进行变换，不能用洛伦兹变换。

根据以上种种原因，爱因斯坦敏锐地察觉到，在狭义相对论的框架里不能建立令人满意的引力理论。1922 年，爱因斯坦在《我是怎样创造相对论》（How do I Create the Theory of Relativity）为题的演讲中，曾回忆了这阶段的研究工作，他说：

> 1907 年，当我正写一篇关于狭义相对论的评述性文章时，……我认识到，除了引力定律以外的一切自然现象都能借助狭义相对论加以讨论。我非常想弄明白其中原因，……最使我不满意

的地方是，虽然惯性和能量之间的关系已经如此确定地从狭义相对论中推导出来，但惯性和引力（或引力场的能）之间的关系却不能得到说明。我发觉这个问题不能依靠狭义相对论来说明。

从爱因斯坦这段十分重要的回忆中，可以看出他在研究引力问题时，特别重视引力质量与惯性质量相等这一两百年来就为人所共知但又未受重视的经验事实。爱因斯坦曾这样说过：

> 引力场中一切物体都具有同一加速度。这条定律也可以表述为惯性质量同引力质量相等的定律。它当时就使我认识到它的全部重要性。我为它的存在感到极为惊奇，并猜想其中必定有一把可以更加深入地了解惯性和引力的钥匙。

的确，在物理发展史中我们可以清楚地看到，一个普适常数（universal constant）的发现，常常会引出重大的物理发现，例如：光速 c 的发现导致狭义相对论，普朗克常数 h 的发现导致量子论的建立，等等。m_i / m_g 为普适常数这一事实使爱因斯坦相信，这是一个"准确的自然规律，它应当在理论物理的原理中找到它自身的反映"。的确，大自然中的常数反映的正是大自然深层的一种对称性。

1907 年，爱因斯坦已经认识到，惯性质量和引力质量相等的原理，完全可以用另外一个叫"等效原理"（principle of equivalence）的新物理概念来描述。这个原理是说：空间某物体受到引力的作用，与物体在做加速运动时所产生的效应相同，这就叫作"等效原理"。举一个例子，在太空中有一宇宙火箭在相对于遥远的星球匀速前进。这时如果有一颗星从后面向火箭靠近，而火箭里的乘客们并没有看见这颗星，乘客由于这颗星的引力作用被拉向身后的座椅，压在椅背上，但他们还以为是火箭在做加速运动，因为他们有这方面的经验：当乘汽车时，如果车突然加快，人就会突然向后仰，紧压到座椅背上。这次他们又这样判断：火箭在加速。只有当他们看见了靠近的星，才明白自己错了，他们很奇怪，这两种效应怎么完全一样呢？

爱因斯坦曾生动回忆过他的思维历程，他说：

> 有一天，我正在伯尔尼专利局的一张椅子上坐着，一种想法突然袭上心来：如果一个人自由落下，他将不会感到自己的重量。我不禁大吃一惊，这个极简单的思想，给我以深刻难忘的印象，并把我引向引力理论。沿着这条思路我继续想：下跌者在加速，他的感觉和判断都发生在加速参照系中，于是我决定把相对论扩展到加速参照系中，我觉得这样一定可以解决引力问题。下落的人不会感到自己的重量，因为在他的参照系中，有了一个新的引力场，它与地球引力抵消了。在这个加速参照系中，需要一个新的引力场。

爱因斯坦与居里夫人在瑞士山间乡野处远足

爱因斯坦曾说，这一想法是他"毕生最愉快的思想"（The life most happy thoughts）。这一思想是如此吸引他，以致出现了一些逸事趣闻。有一次爱因斯坦和他的儿子与居里夫人以及她的女儿们去野外爬山，当他们登上一条河谷陡峭的岩壁时，沉思中的爱因斯坦突然抓住居里夫人的手，大声说："我想知道，如果人从这山上自由下落时，感觉会怎么样？"年青人听了这句莫明其妙的问话，大声笑起来，还以为爱因斯坦在说什么笑话。他们哪里知道，爱因斯坦正在构思一个伟大的理论！

爱因斯坦沿着这条思路想下去，他恍然大悟：原来引力场也只不过是一种相对的存在，对一个从高处自由下落的人来说，当他下落时，他周围并不存在什么地球的引力场。如果这位下落的人把握在手中的小钉锤松开，由于所有物体有相同的自由下落加速度，所以这小钉锤将与下落者保持相对静止的状态。因此，从人与物相对位置而言，下落的人可以认为自己处于"静止状态"。

这样，在同一引力场中一切物体下落都有相同的加速度这一非常难以理解的定律，立即有了深刻的物理意义。也就是说，即使只有一个物体在引力场中下落得与其他物体不一样，那么下落者将可以借助它辨明他正在下落。但如果不存在这样的物体——正如经验以极高的精度证实那样——那么下落者就没有客观根据可以辨明自己是在一个引力场中下落。相反，他倒是有权利把他的状态看成是静止的，而他周围并没有引力有关的场。

因此爱因斯坦说："我们不可能说什么参照系的绝对加速度；正如在狭义相对论中，不允许我们谈论一个参照系的绝对速度一样。"

由于爱因斯坦在 1907 年 12 月 4 日的一篇文章中，首次提出广义相对论的两个基本原理——等效原理（equivalence principle）和相对性原理（relativity principle），并分析了由此产生的若干结论，所以人们通常把这篇文章看成是广义相对论的创始起点。但广义相对论的最终完善，是八年之后的 1915 年。在 1915 年爱因斯坦公布了广义相对论里的广义相对论方程：

$$R_{\mu\nu} - \frac{1}{2} R g_{\mu\nu} = \kappa T_{\mu\nu} \qquad (\kappa = \frac{8\pi G}{c^4})$$

2. "宇宙新理论和牛顿观念破产"

比起狭义相对论,广义相对论可以得到更多和更加奇怪的推论,让所有物理学家为此惊诧不已。例如在爱因斯坦的引力理论中,引力就是时空的曲率效应(curvature effect)。美国物理学家温伯格在《终极理论之梦》(*Dreams of a Final Theory*)一书中这样写道:

> 广义相对论的最终形式,不过就是以引力重新解释了弯曲空间的数学,以一个场方程决定一定物质和能量产生的曲率。

时空和物质这两种以前互不相关的物理量联系到了一起:物质引起了时空的弯曲,引力又是由时空弯曲(即曲率)引起。现在看来"力"只是幻象,是几何学的副产品。地球之所以绕太阳运行,是因为空间曲率在推动地球。也就是说不是引力在拉,而是空间在推。在牛顿那儿,时间和空间是一切运动的绝对参照系,在爱因斯坦的理论中,空间和时间是动态的了。

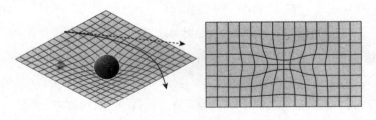

左图星体附近平面弯曲,光线也跟着弯曲(用带箭头的实线表示,带箭头的虚线表示没有星体时平面不弯曲光线应走的路线);
右图则以测地线(geodesic)画出空间

由时空弯曲可以直接推出当光线经过巨大物质体系(如太阳)时,因为时空曲率的改变,光线也应该弯曲。在爱因斯坦的理论中,大概没有比时空弯曲更能够吸引公众的想象力了。数不清的科幻小说都由此而起,黑洞的猜想也很快引起了普遍的兴趣。不论时空弯曲如何让人惊讶,甚至难以让人相信,但爱因斯坦认为肯定可以由日食时的观测证实。

有人问爱因斯坦:"如果观测与您的理论不相符合,怎么办?"

爱因斯坦回答说:"那我就为上帝感到遗憾。"

这意思是说:上帝怎么会如此愚蠢,居然违背如此对称性的理论来设计宇宙?爱因斯坦在 1915 年还说过:"一旦你真正了解了广义相对论,几乎无人能逃脱这一理论的魔力。"(Hardly anyone who was truly understood it will be able to escape the charm of this theory.)

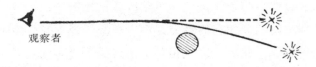

光线弯曲示意图。当太阳(图中用有阴影的圆表示)出现在
星体和地球之间时,星光就会发生弯曲。图中实线表示星光
实际走的路线,虚线代表观察者的视路线。于是原来看不见的
星体由于星光弯曲可以被观察者看见

到 1919 年 5 月,英国科学家在阿瑟·爱丁顿(Arthur Eddington,1882—1944)的组织下,到西非和巴西观测日食。在观测中他们证实了广义相对论光线弯曲的预言。爱因斯坦根据广义相对论的理论,推算出当星光从太阳边缘掠射到地球上来时,光线应当弯曲,而且弯曲的角度是 1.74 角秒。开始大家都不相信这个预言,但英国科学家在 5 月 29 日观测的结果,证实了广义相对论的预言!

1919 年 11 月 6 日,英国皇家学会正式宣布了爱丁顿他们观测的结果,这一消息立即引起了全世界空前未有的轰动。世界各地报纸都争先恐后在头版头条刊登这一科学新闻:"科学革命——宇宙新理论和牛顿观念破产"。爱因斯坦成了世界头号明星人物，他的照片在各种报上都经常出现。

有一件事曾经引起人们的关注。印度裔美国物理学家钱德拉塞卡（Subrahmanyan Chandrasekhar，1910—1995，1983 年获得诺贝尔物理学奖）对爱丁顿组织观测队的行动非常钦佩，并当面表示他的敬仰之情。但是爱丁顿根本不领情，他说："其实我根本就没有想到有必要进行什么观测，因为爱因斯坦的理论一定是正确的。"由这件事，人们觉得爱丁顿他们的观测并不一定真的证实了爱因斯坦的理论：由于他们确信理论是正确的，所以对观测的误差做出了对理论有益的处理。

对此温伯格说："不管怎样，我还是愿意相信 1919 年的远征队员们在分析数据时，被广义相对论的激情淹没了。"

广义相对论的美和它的魅力，不仅征服了爱丁顿，也征服了几乎所有的科学家。此后，广义相对论还得到了更多的实验证实，到今天，它已成为理论物理前沿的最重要的理论之一。

爱因斯坦的这种不断扩大对称性的探索大自然奥秘的方法，被杨振宁教授称为"连锁倒转法"（chain inversion method），杨振宁教授还用一个表对这种倒转法做了简洁的表示：

对称性和物理定律	
爱因斯坦以前	爱因斯坦以后
实验→场方程→对称性（不变性）	对称性→场方程→实验

在爱因斯坦以前，物理学家都是由实验、经验事实，归纳出一个方程，然后由这个方程得到某种对称性（即变换的不变性）；到爱因斯坦，他把这种探索方法来了一个"连锁倒转"，先假定某种对称应当存在，然后以这为根据演绎出一组方程，最后用实验证实这些方程。

杨振宁正确地指出:

这正是一个最重要的进展。这种把原先的程序颠倒过来的做法,我曾称之为"对称性支配相互作用"(symmetry dectates interaction)。用了这种新的程序,对称性的考虑便变成了基本相互作用原理,而且事实上,它已经成为七八十年代基础物理学占统治地位的主题了。

温伯格在 20 世纪 90 年代评论广义相对论时说:

还有一种性质能让物理学理论美起来——理论能给人一种"不可避免"的感觉。听一支曲子或一首小诗,我们会感觉一种强烈的美的愉悦,仿佛作品没有东西可以更改,一个音符或一个文字你都不想是别的样子。在拉斐尔的《圣家族》里,画布上的每个人物的位置都恰到好处。这也许不是你最喜欢的一幅画,

美国物理学家斯蒂芬·温伯格

但当你看这幅画的时候,你不会觉得有任何需要拉斐尔重新画的东西。部分说来(也只能是部分的)广义相对论也是这样的。一旦你认识了爱因斯坦采纳的一般物理学原理,你就会明白,爱因斯坦不可能导出另一个迥然不同的引力理论来。正如他自己说的,关于广义相对论,"理论最大的吸引力在于它的逻辑完整。假如从它得出的哪一个结论错了,它就得被抛弃;修正而不破坏它的整个结构似乎是不可能的。"

爱因斯坦利用对称性支配理论的设计,是物理学史上最深刻的

物理学思想，今天基础物理学基本上都是遵循爱因斯坦的这一思考程序：从扩大一种对称性出发，得到方程，然后看它预言的结论是否与观察结果相符。

3. 广义相对论方程比爱因斯坦更聪明

物理学家们曾经根据爱因斯坦的广义相对论方程的解，推出许多具体的物理学结论，其中有一些推论明明是正确的，但是爱因斯坦却坚持不承认，这不仅仅使人们大跌眼镜，而且也成为物理学历史上的趣闻。这儿只举两个例子：一是宇宙是静态的还是动态的？二是宇宙有没有黑洞存在？

本来广义相对论被爱因斯坦提出来以后，爱因斯坦本人就立即用来研究宇宙学，开始了科学宇宙学研究的先河，但是没有想到的是，爱因斯坦居然在这个领域里至少有两次输给了他自己提出的方程式！

（1）爱因斯坦相信宇宙是静态的

1916 年，爱因斯坦在刚刚建立广义相对论之后，就开始着手宇宙学的研究。1917 年，他发表了《根据广义相对论对宇宙学所做的考察》（According to the General Theory of Relativity to Cosmology Examination）一文。在这篇论文里，爱因斯坦向传统的时空观提出了挑战，他用广义相对论的引力理论证明，我们的宇宙是"有限无边"的。通常认为，爱因斯坦的"有限无边"的宇宙模型是近代宇宙学在理论上的先声。

在爱因斯坦的模型里，他首先放弃了一种先验的假定，即宇宙空间一定是三维无限的欧几里得空间。事实上，按广义相对论，空间的结构与宇宙间物质的运动有关，宇宙空间应该是一个弯曲的封闭体，因而宇宙是一个体积有限的封闭连续区，而且没有边界，所有天体物质都均匀地分布在这个"弯曲的封闭体"中，而且他认为整个宇宙应该是静态的。

但爱因斯坦建立的静态宇宙模型，不久就受到了指责。开始爱因斯坦还不以为然，但后来在实验事实的面前，他不得不承认自己犯了一生中最大的错误。研究一下这一错误的原因，显然是十分有意义的。

爱因斯坦是反传统观念的先锋战士，他不迷信任何权威，总是十分敏锐地剔除掉那些在理论中隐藏着的先验的观念，再加上他具有非凡的物理直觉，这使得他总是能比较准确地找到归纳理论中致命的弱点所在，从而能够做出理论上的突破。但是"人非圣贤，孰能无过"，这句话也同样适用于爱因斯坦（这里主要是指他的理论）。

爱因斯坦的宇宙模型在"有限无边"上可说是对传统观念的一个大胆的挑战，但这个模型除了有限无边外，爱因斯坦还认为它是静态的，所以他的宇宙模型的全称应该是"静态有限无边模型"。在静态这一点上，爱因斯坦承袭了传统的观念，可以说是一种"先验的"先入之见。

有史以来，尤其在西方，无论是天文学家还是一般人，都有一种习惯的常识性观点，即从整个宇宙的尺度看，宇宙是处于一种"准"静止的状态。人们早已认识到行星、太阳、地球以及银河系这些大大小小的天体都在不停地运动着、演化着，但同时又满足于从整个宇宙这个更大的角度看，它处于一种准静止状态，即认为宇宙在总体上变化是极小极小的。这一传统的观念，爱因斯坦承袭了下来，并沉积于思维深处，以一种直觉的形式出现，使他相信"静态观"一定是正确的。

因为爱因斯坦的引力理论和牛顿引力理论一样，只有引力；而我们知道，当一个体系所受之力只有引力而无斥力时，是无法获得平衡而处于静止状态的。因此，当爱因斯坦用广义相对论的引力方程来解决宇宙问题时，发现他的引力方程无法得出静态解。在这种矛盾的情况下，爱因斯坦修改了1916年的引力方程，引入了一个具有斥力性质的"宇宙项"（cosmological term），并用 λ 表示。有了这个人为引入的宇宙项 λ，爱因斯坦自然会得到一个宇宙的静态解。爱因斯坦一定十分满意自己的"杰作"，遂于 1917 年发表了《根据广义相对论对宇宙学所做的考察》一文。

爱因斯坦的论文发表不久，就有人指出爱因斯坦的静态解是不稳定的，稍受扰动就会变为动态，或做膨胀运动，或做收缩运动。而且他们用爱因斯坦 1916 年未经修改的方程求出了"动态的"（dynamical）宇宙模型解。

首先做出这种动态宇宙模型的是苏联物理学家弗里德曼（А. А. Фридман，1888—1925）在 1922 年提出，比利时天文学家乔治·勒梅特（Georges Lemaitre，1894—1966）在 1927 年也独立提出同一理论。他们认为，根据广义相对论只可能做出这样的预言：宇宙要么在膨胀，要么在收缩。这一大胆假设，被认为是"科学史上一桩最大胆的预言"。这确实不假。

爱因斯坦开始并不认为自己是错的，相反，他还态度很不友好地批评了弗里德曼。由此可见，爱因斯坦十分相信自己的静态观。

直到 1929 年美国天文学家哈勃（Edwin P. Hubble，1889—1953）发现哈勃红移（Hubble's red shifts）现象后，爱因斯坦才承认自己错了，并认为自己提出一个"宇宙项"是他"一生中最大的错事"。

什么是哈勃红移现象呢？这儿我们做一个极简单的介绍。1910—1920 年之间，美国天文学家斯里弗（V. M. Slipher，1875—1969）就发现许多星云有显著的红移（光谱线向红端的位移），如果利用多普勒效应[①]来解释，则这一红移的起因很可能意味着这

---

① 多普勒效应是指物体辐射的波长因为光源和观测者的相对运动而产生变化，在运动的波源前面，波被压缩，波长变得较短，频率变得较高；在运动的波源后面，产生相反的效应，波长变得较长，频率变得较低。以火车行驶发出的声音打比方，火车迎面来的时候，火车发出的声音的频率越来越高，听起来越来越响和刺耳；如果火车从你身边驶过去以后，它发出的声调就越来越低。这就是声音的多普勒效应。

些星云在远离我们而去。不久，更令人意外的是天文学家们发现，各个方向上的星云都普遍存在显著的红移，这就是说各个方向上的星云均远离我们而去。这岂不是说我们的宇宙在膨胀吗？这与弗里德曼和勒梅特的宇宙动态模型正好符合。

1929年，美国天文学家埃德温·哈勃在斯里弗发现的基础上，结合自己的观测资料指出，星系的红移与距离之间大致上存在着一种线性关系。这一发现意义十分重大，被称为"哈勃红移"，假如红移代表星系视向运动的"多勒普效应"，则哈勃提出的红移—距离关系表明，越远的星系远离我们而去的速度越大，这说明整个宇宙在膨胀。

实验事实的证明，使得爱因斯坦认为加上一个宇宙常数，"是自己犯的一个最大的错误"。但是，后来对宇宙学的继续研究，又发现宇宙常数不能删去，而且是不可或缺的一个自然常数！这一下爱因斯坦应该高兴了吧？因为自己原先并没有错啊！哪里知道，这一次爱因斯坦犯了"倔"，硬是认为加一个宇宙常数是自己"犯的一个最大的错误"！坚决不肯承认应该有一个宇宙常数这件事！

红移现象的发现，终于使宇宙学成为既有理论又有观测的一门现代科学了，而不仅仅是纸上谈兵。正因为如此，爱因斯坦才承认自己错了。

美国著名数学家阿米尔·阿克塞尔（Amir D. Aczel）在他写的《上帝的方程式，爱因斯坦、相对论和膨胀的宇宙》（*God's Equation, Einstein, Relativity, and the Expanding Universe*）一书的结尾处写道：

科学家们之间的争论无疑还将继续，因为他们试图解开宇宙之谜。但是，有一件事是所有的科学家都同意的，那就是爱因斯坦广义相对论的巨大力量，并且它永远继续有用。在最终的分析中，想要更完整地了解"上帝的想法"就需要将量子论的思想结合进相对论。但是，不管最终的方程会是什么，爱因斯坦场方程总将组成它的重要部分。爱因斯坦在创立他的令人惊异的方程时，实现了他一生的梦想——他至少听到了上帝的一些想法。

在他的《我的晚年》（*Out of My Later Years*）一书中，爱因斯坦关于他如何看待未来以及为什么他未能创立一个关于万物的统一理论做了解释。他写道：

> 广义相对论目前还是不完整的，因为能满意地应用广义相对论原理的还仅仅是引力场，而不是统一场。我们还没有确确实实地知道用什么样的数学机制来描述空间的这个统一场，以及制约这个统一场的普遍的不变法则。然而，有一件事似乎是肯定的，即广义相对论原理将证明是解决统一场问题的必要的和有效的工具。

爱因斯坦懂得他的努力一直受到可利用的数学方法的限制。在发展狭义相对论时，爱因斯坦使用了洛伦兹和闵可夫斯基的数学。在广义相对论研究中，他成功地使用了里奇和列维－齐维塔（Levy-Qivita）以及黎曼的数学。但是，爱因斯坦只能到此为止。他已经走上通向上帝的方程式之路，但是要走得更远，他将需要新的数学。这种数学很可能在陈省身的普林斯顿演说中建议的方向上找到，它将包括几何学和拓扑学在更高水平上的抽象化。数学家将创造工具，物理学家将应用它们，天文学家将验证理论和提供数据，而宇宙学家则将绘制出我们宇宙的大写照。

一旦每门学科因其他学科的发展而得到支持时，我们就可以开始去了解宇宙的最终法则和表达我们人类对上帝的方程式的估计。当最终的方程式构成时，我们将能够使用它去解答奇妙的创世之谜。这或许是为什么上帝首先把我们送到这儿的原因。

（2）爱因斯坦不相信存在黑洞

2006年6月19日上午，"2006年国际弦理论大会"在北京人民大会堂隆重开幕，来自世界各地的数学家和物理学家将在未来6天里举行53场学术报告。上午11：30，在人民大会堂万人报告厅"2006超弦国际会议开幕式"主会场里，震撼人心的一刻终于到来了——英国物理学家和宇宙学家斯蒂芬·霍金（Stephen Hawking，1942—2018）开始演讲：

> 宇宙膨胀是20世纪或者任何世纪最重要的智力发现之一。许多科学家仍然不喜欢宇宙具有开端，因为这似乎意味着物理学崩溃了。人们不得不求助于外界的作用，去确定宇宙如何起始。
>
> 爱因斯坦的理论不能预言宇宙如何起始，它只能预言宇宙一旦起始后如何演化。

霍金在"2006年国际弦理论大会"上演讲，
旁边是中国物理学家吴忠超做翻译

我们知道，后来霍金和英国物理学家、宇宙学家罗杰·彭罗斯（Roger Penrose，1931—　）用数学方法证明了如果广义相对论是正确的，那么宇宙就存在一个奇点，那是具有无限密度和无限时空曲率的点，时间从那里开始。

这个"无限密度和无限时空曲率的点"就是黑洞。而爱因斯坦就是一位"不喜欢宇宙具有开端"的物理学家。也就是说，爱因斯坦不相信有黑洞的存在。但是也有很多物理学家，尤其是霍金，都绝对相信宇宙有一个开端，这个开端就是黑洞。

爱因斯坦 1955 年去世，黑洞这个词到 1967 年才由美国物理学家惠勒（John. A. Wheller，1911—2008）提出。此前虽然已经有这样的概念，但不叫黑洞，称呼各种各样、稀奇古怪。

虽然现在对于黑洞你还有各种各样不同的见解，但是霍金坚称：

在过去的百年间，我们在宇宙学中取得了惊人的进步。广义相对论和宇宙膨胀的发现，粉碎了永远存在并将永远继续存在的宇宙的古老图像。取而代之，广义相对论预言，宇宙和时间本身都在大爆炸处起始。它还预言时间在黑洞里终结。宇宙微波背景的发现，以及黑洞的观测，支持这些结论。这是我们的宇宙图像和实在本身的一个深刻的改变。

虽然广义相对论预言了，宇宙来自于过去一个高曲率的时期，但它不能预言宇宙如何从大爆炸形成。这样，广义相对论自身不能回答宇宙学的核心问题：为何宇宙如此这般。然而，如果广义相对论和量子论相结合，就有可能预言宇宙是如何起始的：它开始以不断增大的速率膨胀。这两个理论的结合预言，在这个称作暴胀（inflation）的时期，微小的起伏会发展，导致星系、恒星以及宇宙中所有其他结构的形成。对宇宙微波背景中的小的非均匀性的观测，完全证实了预言的性质。这样，我们似乎正朝着理解宇宙起源的正确方向前进，尽管还有许多工作要做。

霍金最后说：

宇宙学是一个非常激动人心和活跃的学科。我们正接近回答这古老的问题：我们为何在此？我们从何而来？

现在几乎没有不相信黑洞理论的物理学家，但是在爱因斯坦生前，他却是一位坚决不相信有黑洞存在的科学大师。他甚至说："我完全不相信有什么黑洞存在的任何可能！"

爱因斯坦又一次说错了！

五、矩阵力学的诞生
——非对易方程

$$pq-qp=\frac{h}{2\pi i} I$$

这是著名的"玻恩－海森伯非对易方程"。

式中，p、q 并不像光速 c 只是一个纯数（经典数），它们被称为 q 数、p 数；p、q 的形式与所取的表象有关。$i=\sqrt{-1}$，粗体字表示矩阵，I 代表单位矩阵，h 是普朗克常数。

我们在学习中学物理时，老师常常会说到电子绕核运动的"轨道"；在许许多多科普读物或者科学书籍中，也会常常见到电子绕核旋转的轨道图。因此我们谈到电子运动，自然而然会涉及运动轨道问题。如果有一个人说："电子根本没有什么轨道！"恐怕大部分读者会说："这人怎么哪？脑子有毛病吧。"

但是且慢！1932 年获得诺贝尔物理学奖的海森伯在 1925 年写信给他的好友泡利说：

> 我的所有微弱的努力，就是要消除……那些无法观察到的轨道。

这下该轮到你傻眼了吧？也许你会说："科学大师也会犯错误的呀。"是的，科学大师也的确会犯错误。那么，这次海森伯是真的说错了，还是里面大有文章呢？请你往下看。

法国经典物理学大师拉普拉斯

神秘的量子让人们感到经典物理学已经变得不再牢固，物理学家们感到一种从未有过的无助。两百多年前牛顿所建立的经典物理学曾经给了他们多少勇气和力量，法国经典物理学大师拉普拉斯（Pierre-Simon Laplace，1749—1827）曾经骄傲地说："只要给了我初始条件，我就可以算出任何物体任何时刻的运动！"

他们的心灵在纷扰的尘世里由此获得了多少慰藉与安宁。然而，量子的出现似乎突然间使这座似乎非常具确定性的经典理论大厦坍塌了，留下的只是一些支离破碎的经典残片。但是，顽强的人类从不愿服输，他们决心在这片经典废墟上建立起一座更加辉煌的理论大厦——量子力学的理论大厦。

1923 年 12 月 10 日，在巴黎大学 50 年的物理学庆祝会上，洛伦兹发表了著名的演讲"旧的力学与新的力学"。他认为，物理学家们仍然不理解普朗克的能量子假设，也不理解玻尔的定态轨道。洛伦兹宣称，人们必须发展出一种"关于量子的新的力学"，一种非连续性的力学。1924 年，玻恩在一篇名为"关于量子力学"的文章中，首次将这一有待建立的新力学命名为"量子力学"（quantum mechanics）。

接着在 1925 年 6 月，年仅 24 岁的海森伯对量子力学做出了关键性的突破，首先打开了通向重新理解微观世界的大门，为量子力学革命做出了决定性的贡献。正是由于这一成就，他获得 1932 年诺贝尔物理学奖，成为 20 世纪最伟大的理论物理学家和科学思想家之一。

1. 走进物理学殿堂

1920 年夏天，海森伯高中毕业了。他想进慕尼黑大学数学系，专攻数学。他父亲那时正在这所大学执教，于是叫他去拜会数学系的林德曼（Ferdinand von Lindemann，1852—1939）教授。林德曼是一位长着白胡子的老人，年事已高。海森伯去见他时，他正不大舒服，精神也不好，听了海森伯想进数学系的要求后，就不大耐烦地问："你最近读些什么书？"

海森伯回答说："读过韦尔的《空间、时间和物质》。"韦尔（Hermann Weyl，1885—1955）是德国鼎鼎大名的数学家，他的《空间、时间和物质》（*Space-Time-Matter*）一书在当时可是热销一时的科学名著。

海森伯（左）和他的
哥哥合影

在回答时，海森伯可能还洋洋得意，他看的这本名著，许多大学生都看不懂，而他不但看懂了，还正因为看了这本书才决心进数学系的。他想林德曼一定会大吃一惊，并高兴地收留他。但海森伯高兴早了，林德曼一听海森伯的回答就决断地说："那你就根本不能学数学了！"

完了！就这样莫名其妙地被林德曼教授打发走，还不知道为什么呢！海森伯只好对父亲说："我也可以读理论物理，试一试，行吗？"

幸亏林德曼不接收这个学生，否则海森伯就不会转向物理系了。父亲让他去会见物理系的索末菲教授。索末菲那时刚 50 岁出头，留着一副向上翘的八字胡，精力旺盛，对人和善，而且在世界物理学界很有名气。索末菲倒是很痛快地接收海森伯做他的学生，但是当他听说海森伯读过《时间、空间和物质》一书时，不免沉思了一下，然后对海森伯说："请你注意，做学问不能从最难的地方开始，你应该从基本物理学领域开始，先做一些要求不高的、细致的工作。你在中学里做过一些什么实验？"

海森伯回答说："曾经做过一些小仪器，如小马达等，但我不大喜欢同仪器打交道。"

索末菲知道聪明的学生往往年轻气盛，仍然耐心地对他说：

即使你想专门攻理论物理，也应该以最大的耐心做一些你认为不重要的小题目。一些大题目要解决，如爱因斯坦的相对论，但是也有许多小题目要解决，这些小问题不解决，大题目就完成不了。

海森伯还是听得不虚心，又斗胆地加了一句："可是，我对大问题后面的哲学问题更感兴趣，而对小问题不太有兴趣。"

索末菲不大高兴了，心里想："这年轻人也够狂的了，说了半天他还听不进去。"但索末菲向来对年轻人很善意，于是又耐心地说："你可知道，大诗人席勒曾经说过：'如果国王要建造宫殿，推手推车的人可有事情做啦。'首先，我们都要做推手推车的人！"

海森伯不敢再多说。索末菲也不想多指责学生，就说："你有没有能力，我们很快会看出来的，你可以参加我们的一些讨论班。我倒想看看，你如何来参加。"

就这样，海森伯没有走进数学领域，而被一位高手领进了物理学的殿堂。但是，海森伯与索末菲第一次谈完话后，心中颇有些沮丧。他原想一下子进入到最前沿的科学问题中，现在索末菲明确无误地告诉他，先要从基础学起，做推手推车的人，离前沿课题还远得很呢！

"真令人扫兴！"海森伯想。

索末菲（左）和泡利

不久，他在讨论班看见一个胖胖的、长相有点滑稽的同学。索末菲告诉海森伯："这是泡利。"索末菲本来要走，忽然又转身对海森伯说："他是我最有才能的学生之一，你可以从他那里学到很多东西。将来在学习中有什么不懂的，可以问他。"这个胖乎乎、说话尖刻得让人想哭一场的泡利，从这天起就成了海森伯终生的净友。

泡利是从奥地利到德国来的学生，只比海森伯大一岁，但他的物理知识可比海森伯懂得多，理解得深。尤其令人佩服的是，前不久德国出版《数学百科全书》时，索末菲竟然让泡利撰写"相对论"这一节。结果，泡利把这一节写成了一本书，而且后来成了名著，受到爱因斯坦的极力称赞。这个泡利，总是让人大吃一惊。

有一天上课时，海森伯请坐在他身边的泡利下课后谈谈如何学习物理。正说着，索末菲进了教室。索末菲理了理漂亮而又向上翘的胡子，开始上课。海森伯正准备聆听讲授时，泡利向海森伯悄悄说："你瞧，我们的教授是不是像一个骑兵上校？"课后，泡利根据海森伯的要求，仔细谈了他对当前物理学和如何学习物理的种种看法。他说：

　　当前的物理，已不能用我们日常生活中熟悉的概念来描述，必须用抽象的数学语言才行。所以，今日物理对实验物理学家已经太难了。我们必须有现代的数学训练，否则无法研究物理学了。

海森伯听了之后，大受启发，真正感到："听君一席话，胜读十年书！"

泡利和海森伯有同样的缺点，都不喜欢认真做实验。教他们物理实验的是维恩（Max Carl Wien，1866—1938）教授，这是一位实验物理学大师，对学生非常严格。而且，维恩认为，学习物理必须精于做实验，对索末菲的几个高才生，他总抱着不信任的态度，因为这几个人总不好好做实验，却一个劲地讨论高深的数学。

有一天，泡利和海森伯一起做实验，测定音叉的振动频率。但他们进了实验室后，根本没做实验，却讨论起原子结构中一些有趣的问题。谈了许久，忽然泡利大叫一声："糟了！马上要下课了，我们还没动手做实验。"

海森伯也慌了："这如何是好呢？"

还是泡利脑袋灵光，出了一个馊主意："就利用你的听觉吧！我敲一下音叉，你听出是什么音调，我就可以算出音叉的频率。"

海森伯大为高兴。这堂测量实验，就这样混过了关。

这一对在大学时代的好朋友，在以后几十年的科学研究生涯中，成了相互支持、相互帮助的终生伙伴。他们的许多重大发现，都是两人在不断通信讨论和当面争论中，逐渐萌芽、孕育和成长起来的。

2. 玻尔节上遇玻尔

1922 年春天，在一次讨论班下课后，索末菲突然对海森伯说："玻尔马上要到哥廷根做一系列演讲，我也被邀请去参加这次演讲。我想带你去，你愿意去吗？"

嗨，海森伯哪有不愿意去的理由？

1922 年 6 月 12—14 日、19—22 日，玻尔在哥廷根一共做了七篇有关原子结构的演讲。演讲时，听众中不仅有哥廷根的科学家，还有从慕尼黑来的索末菲和他的研究生海森伯及助手泡利，有从法兰克福来的朗德（Alfred Landé，1888—1975）和革拉赫（W.

Gerlach，1889—1979），从荷兰的莱顿则来了埃伦菲斯特（Paul Ehrenfest，1880—1933）。总共有 100 来人听了玻尔的演讲。由于玻尔的演讲大受欢迎，所以人们高兴地把玻尔的演讲说成是"玻尔的节目表演"（Bohr's program performance）。

梅拉（J. Mehra）和雷森堡（H. Rechenberg）在他们写的《量子理论的历史发展》（*The Historical Development of Quantum Theory*）一书中曾高度评价了"玻尔节"的意义：

> 新的哥廷根时代是以一桩戏剧性的事件开始的：在 1922 年 6 月间，玻尔发表了一系列关于原子结构理论的演讲。在演讲中，他向听众介绍了这一课题最新研究的详细进展。玻尔在哥廷根的访问和演讲后来被称之为"玻尔节"，它不但使几位青年与会者确定了他们未来的事业，而且也唤起了一些年龄较大的像玻恩这些人的热情，开始对玻尔理论进行积极的研究。就这样，它引发了最后的一个发展阶段：在这一发展阶段中，普朗克、爱因斯坦、玻尔和索末菲的量子理论被量子力学的新体系所替代了。

玻尔的七篇演讲，虽然每一篇都不长，但所论述的内容却相当全面。前三讲主要讲述的是原子理论基础的基本原理和对氢光谱的应用，论述了存在于原子结构的量子理论中的奇特局面，并在第三讲中强调了对应原理（correspondence principle）的作用：

> 对应原理是物理学中选定新理论的哲学准则，它要求新理论能解释旧理论已能解释的一切现象。这一原理由丹麦物理学家 N. 玻尔于 1923 年正式提出，是他创立原子理论（量子力学的一种早期形式）的思想精华。20 世纪初，原子物理学处在混乱之中，实验结果显示了一幅看似无可辩驳的原子的图像：

若干个称为电子的带电微小粒子以圆形轨道在一个带相反电荷的异常致密的核的周围不停地运动。但是根据已知的经典物理学定律，这种模型是不可能的；因为按这些定律预测，绕核旋转的电子必定辐射出能量而按螺旋线盘旋落到核内。然而原子却并没有逐渐丧失能量而崩坍。玻尔等人打算把原子现象的这些佯谬包括到一个新理论中。他们注意到在物理学家探讨原子本身以前，旧物理学一直是正确的。玻尔推论：任何新理论都不应当只能正确地描述原子现象，而且还必须能再现旧物理学，从而对日常习见现象也适用。这就是对应原理。对应原理除了对量子力学适用外，对其他理论也同样适用。正是这样，由相对论物理学描述的超高速运动客体性状的数学表述，在低速条件下就简化为对日常运动的正确描述。[①]

从第四讲开始，玻尔介绍了用原子结构理论来解释元素周期表，最后一讲他通过讨论 X 射线谱证明他的原子结构理论经受住了严峻的考验。他说：

到此为止，在我们的探索中，我们曾经企图通过考虑电子的逐个俘获来深入到原子结构问题中去。事实上，这是一种合理的处理方式，但是，这种方式并不是充分的，因为原子的稳定性在自然界中要受到很不相同的考验。作为例子，我们只须回想 X 射线和 β 射线对原子的影响就可以了。原子的稳定性在这种可怕的干扰中也同样应当得到保持，故而我们转头来考虑 X 射线谱。我们立即可以看到，我们的假设足以利用 X 射线谱来解释稳定性条件，在我看来，这或许是对我们看法正确性最强有力的支持。X 射线谱对（我的）理论

---

① 《大不列颠百科全书》4，500 页。

来说有巨大的重要性。

玻尔那种直观领悟真理，而不必将它译成包含数学的人类语言的能力，在演讲中表现得十分明显。但是这种思考方式与在哥廷根强调的公理化思考方式简直相差太远，开始很难为哥廷根学派的科学家接受。尤其是大卫·希尔伯特，他几乎无法认真考虑玻尔的论断，所以他几乎没有从玻尔那儿学到什么东西。

在哥廷根时的海森伯

但是，与会者都承认玻尔已经抓住了原子世界中最本质的奥秘，虽然玻尔那种非常慎重的措辞，常常弄得听众感到玻尔讲述的图像犹如在云雾缭绕之中，显得似显似隐，像多雾的丹麦那样，神秘兮兮的。然而，也正是这种模糊的神秘性大吊青年学者的胃口，显示出一种强大的诱惑力。由于前几排是留给教授们坐的，海森伯这些研究生和本科生们只能坐在后面。听了好久，他也没有听清玻尔在讲什么，海森伯不免奇怪，就低声问旁边一位哥廷根的大学生："玻尔教授怎么说话不清楚，低声嗫些什么呀？"那位大学生肩膀一耸，又把左手的食指竖到嘴边："别作声！玻尔教授讲演总是这样，竖起耳朵听吧！"好吧，竖起耳朵仔细听。听呀听的，海森伯倒也听出了一个子丑寅卯，还品出了味道，觉得玻尔讲的物理太有意思，令人激动和神往。后来，他在回忆录《物理学及其他》（*Physics and Beyond*）中，把当时的感受活灵活现地写了下来。他写道：

> 1922 年初夏，哥廷根这个位于海茵山脚下布满了别墅和花园的友好小城镇里，到处都是葱绿的灌木、争奇斗艳的玫瑰园和舒适的居处。这座美丽的小城似乎也赞成后来人们给这些

奇妙的日子所取的名称——"玻尔节"。我永远忘不了玻尔的第一次演讲。大厅里挤满了人，那位伟大的丹麦物理学家站在讲台上，他的体魄表明他是一位典型的斯堪的纳维亚人。他轻轻地向大家点头，嘴角上带着友好和多少有点不好意思的微笑。初夏的阳光从敞开的窗户射进来。玻尔的语调相当轻，略带丹麦口音，温和而彬彬有礼地讲着。当他解释他的理论中的一些假设时，他非常慎重地斟词酌句，比索末菲要慎重得多。他用公式表示的每一个命题都显示出一系列潜在的哲学思想，但这些思想只是含蓄地暗示着，从不充分明晰地表达出来。我发现这种方式非常激动人心；他所讲的东西好像是新颖的，但又好像不完全是新颖的。我们从索末菲那儿学过玻尔理论，而且知道有关的一些内容，但是听玻尔本人亲自讲却又似乎全不同了。我们清楚地意识到，他所取得的研究成果主要不是通过计算和论证，而是通过直觉和灵感，而且他也发现，要在著名的哥廷根数学派面前论证自己的那些发现是很不容易的。

当玻尔在做第三次演讲时，引用了荷兰物理学家克拉默斯（Hendrik Kramers，1894—1952）关于弱电场中氢谱线多重结构的详细计算。在演讲结束时玻尔表示，尽管量子理论还有许多难以解决的困难，但克拉默斯的结果却应该一直成立。他说："如果由量子论得到的这一详细图景竟然不对，那将会使我们大感意外；我们对量子条件形式实在性的信念是如此强烈，如果实验竟会给出和理论所要求的答案

玻尔（右）与海森伯合影，
摄于1925年左右

不同，我们将会十分惊讶。"

讲完以后是听众提问题。海森伯原

来已经学过并深入考虑过这问题，但他的结论与玻尔恰好不同，因此他大胆地站起来讲了自己的想法，并把自己的推算告诉了玻尔。

后来，海森伯在回忆中提到了这件事，他说："我当时之所以想提出批评，只是想听听玻尔对我的批评有什么高见，这本身就极富趣味。而且，我还想看看玻尔的答复是不是遮遮掩掩，也想了解我的批评是否击中要害。"

海森伯注意到玻尔对他的批评有些震惊，玻尔的回答也有些含糊其辞。不过海森伯当时是第一次接触玻尔，不知道玻尔治学的风格。玻尔虽说在回答海森伯的问题时有点含糊，但却决不会寻求什么托词。所以海森伯没有料到，讨论一结束，玻尔就邀请他下午一同去海茵山散步，说在散步中也许能比较深入地讨论一下整个问题。这次散步是海森伯第一次与玻尔深谈，玻尔在散步时对海森伯说：

> 在以往的科学中，新的现象可以用旧的理论来解释，但现在研究到原子里面去了以后，我们没有办法很形象地说明原子里发生的事。这就像一个航海家漂流到一个荒岛，荒岛上有土著，但由于语言不通，无法进行会话。……一个人对于原子结构下论断我认为要非常严肃谨慎……我的模型……是通过推测，来自于实验而不是来自于理论计算。我希望这些模型能同样用来描述原子的结构，而不是"只有"在传统物理的描述语言中才是可能的。……也许我们必须研究一下"理解"这个词的真实含义究竟是什么。……
>
> 所以，我们必须非常谨慎地向前摸索。今天上午你不同意我讲的，但我暂时没有办法讲得更清楚。

海森伯通过这次交谈才真正明白，量子理论奠基人之一的玻尔对理论的困惑是感到如何烦恼的。许多年之后，海森伯在《量子论及其解释》一文中，再次生动地回忆了这次散步。海森伯写道：

讨论结束后他过来邀请我到哥廷根郊外的海茵山上去散步。我真是求之不得。我们在林木茂盛的海茵山坡上边走边谈。那是我记忆中关于现代原子理论的基本物理及哲学问题的第一次详尽讨论，自然对我以后的事业有着决定性的影响。我第一次了解到当时玻尔对他自己的理论比许多别的物理学家（如索末菲）更持怀疑态度；我还了解到他对原子理论结构的透彻理解，并不是来自对基本假设的数学分析，而是来自对实际现象的深刻钻研，因此，他能直觉地意识到内在的关系，而不是在形式上把关系推导出来。于是我懂得了：自然知识主要是以这种方式获得的；仅仅作为第二步，才可能用数学公式把这种知识表示出来并进行完全理性的分析。从根本上来说，玻尔是位哲学家而不是物理学家；但是，他懂得我们这个时代的自然哲学如果不是每个细节都经受得住实验的无情检验的话，便是无足轻重的。

玻尔邀请海森伯第二年春天到哥本哈根去访问几个星期，如果有可能的话，以后搞个奖学金在那儿工作一段时间。就这样，海森伯开始了与玻尔进行亲密友好合作的时期。对于海森伯来说，这真是运气，因为这段时期正好是量子论中的困难越来越令人困惑的时期；它的内在矛盾似乎越来越严重，把物理学家逼进了困境。然而也正是在这短短的几年时间内，一连串激动人心的惊人发现打开了解决问题的新局面。由于玻尔的邀请，海森伯得以身临其境，并做出了重要的贡献。

3. 差一点得不到博士学位

自从与玻尔散步谈话以后，海森伯有了一个强烈的愿望，想

海森伯的实验物理教师
维恩教授

到哥本哈根去。那儿有一大群从世界各地来的物理学家，个个精明、能干、年轻，他们正在玻尔教授的引导下，对原子物理学里激动人心的问题进行研究。那里是原子理论研究的一座灯塔！到那儿去，海森伯可以投入到紧张而有成效的研究中去。可惜他暂时不能去，他的学习还没有结束，他必须先在慕尼黑大学拿到博士学位。

索末菲虽然很喜欢他的这位高足，但他总觉得海森伯缺乏系统知识的训练。海森伯只喜欢学习他所喜欢的课程，尤其是原子物理的理论问题。索末菲认为这样不好，就对海森伯说："你不能只研究原子物理，你还应该加强基础训练，否则以后要吃亏！你的博士论文题目我选好了，是关于水流中的旋涡问题。"

另外，由于维恩教授对海森伯一直很恼火，因此索末菲又说："维恩教授对你有些看法，你要选修中级物理实验这门课。今后你对实验要认真一点，否则会遇到麻烦的。"海森伯忧郁地说："他大概不会给我及格分的。"索末菲为了鼓励海森伯，说："不能说死了，关键是你要改变一下态度，不能再对别人说做实验是浪费时间。"

当时的规定是：物理考试既要考理论，也要考实验，两方面合起来算一个成绩。理论考试由索末菲负责，当第一主考人；实验则由维恩负责，当第二主考人。如果维恩不给海森伯及格，海森伯就要倒霉，不能毕业！没办法，海森伯只好到中级物理实验室去，按维恩的要求做实验。可是，他怎么也做不好，也提不起精神。过了不久，他又在实验室里偷偷研究起理论物理，把实验摞在一边。

1923 年 7 月 23 日，博士考试的日子终于来临了，海森伯心情十分紧张。维恩教授的这一关，恐怕凶多吉少。考试开始，维恩问了一个很容易的光学中的分辨率问题，但海森伯没有回答出来。维恩有些恼火了："这么一个简单而重要的问题，你都回答不出来，恐怕我们真是在'浪费时间'吧？"维恩特别把"浪费时间"几个字说得重重的，那意思海森伯当然心领神会。"我不想为难你，"维恩又说，"我再问你一个最简单的问题，铅板蓄电池是怎么工作的？"这个问题的确够简单的，恐怕汽车司机都可以回答。可是真要命，海森伯从来没有关心过这类简单的问题，还是回答不出来。维恩教授板着脸，气呼呼地说："好了，我的问题问完了。"

海森伯出了考场，见了任何人都不搭腔，一脸晦气，心想："完了！博士帽戴不成了。"

幸亏他的理论文章写得好极了，索末菲颇为得意地对人说："这篇论文难度很高，只有海森伯可以做出来。"

维恩的意见完全相反，他根本不同意让海森伯毕业。但索末菲自有办法，他终于说服了维恩，让他高抬贵手，给了一个最低的及格分数。好险呀，差一点不能得到博士学位！现在海森伯好歹总算毕业了。

1923 年 10 月，海森伯来到哥廷根，被玻恩私人出资聘为助教。

1924 年 3 月 15—17 日，他迫不及待地到哥本哈根去会见玻尔。此后，海森伯多次来往于哥廷根和哥本哈根之间。

4. 哥本哈根之行，灵感突发

德布罗意的假说在丹麦有很长一段时间不为人知晓。曾经在哥本哈根工作过的美国物理学家斯莱特（J. Slater，1900—1976）在他的自传中曾回忆说："1924 年春，哥本哈根没有人知道巴黎德布罗意的工作，……他的主要论文直到 1925 年初还没引起普遍的关注……即使在 1925 年也还没有为人所共知。"

在哥本哈根，有他们自己关注的热点。

1924 年 5 月 1 日，海森伯再次来到哥本哈根的玻尔身边。1922 年他与玻尔在散步中交谈时，他们就色散问题做了重点交谈；这次到了哥本哈根之后，他就与荷兰来的克拉默斯一起继续研究色散问题。正是在这一研究中，海森伯得到了量子力学的另一种方案：矩阵力学（matrix mechanics）。

事情是这样的，当时最让人们困惑的一个问题是，尽管玻尔的理论可以预言氢原子的光谱频率，并且与观察结果相一致，但是这些频率与玻尔所假设的电子绕核运动的轨道频率都不相同。人们开始意识到，经典轨道的应用也许根本就不适当？一些思想更激进的年轻人，包括海森伯和泡利，已经深信经典轨道模型必须在原子领域中被彻底抛弃。例如海森伯就说过："我的所有微弱的努力，就是要消除……那些无法观察到的轨道。"

1924 年，玻尔的助手克拉默斯沿着"消除轨道"之路取得了第一个重要进展，他成功地获得了第一个具有完全量子形式的色散关系式。这一结果"不再显示……轨道数学理论的更多回忆"。

玻恩后来评论说："这是从经典力学的光明世界走向尚未探索过的、依然黑暗的新的量子力学世界的第一步。"

哥本哈根理论物理研究所外观

如果轨道运动的观念是不正确的，那么原子中的电子到底是怎样运动的呢？我们又应当如何描述它呢？在克拉默斯成功的激励下，海森伯开始着手"制造量子力学"———一种没有轨道运动的新的力学。

1925 年，当海森伯在哥廷根想用公式表示光谱中的谱线强度时，陷入了困境。在困境中他再一次对在量子理论中一直使用的电子的轨道这一直观概念产生了怀疑。他还想到了爱因斯坦在建立狭义相对论时，曾经强调不允许使用绝对时间这类"不可观测量"。于是他决定去掉那些不可观测量，仅使用那些能观测的量，如辐射频率和强度这些光学量。

恰好这时海森伯因为对花草特别过敏，得上了严重的花粉热病，脸肿得像挨过揍一样，于是他只好向玻恩请两周病假。6 月 7 日他离开哥廷根来到北海边一座荒芜的岛上，即德国海边的赫尔兰疗养岛。海森伯希望远离花草并在令人心旷神怡的海滨空气中尽早恢复健康。可是，他当时的脸确实肿得惹人注目，女房东一口咬定他是一个不安分守己、好惹是非的小伙子，差一点把他拒之门外，后来总算遇上一位热心人帮忙说情，女房东才勉强答应接纳并照料他。女房东把他安排在三楼。由于这幢房子建在岩岛的南边，居高临下能看到远处的沙滩和大海那壮丽的景象。

除了每天散步和长时间游泳之外，赫尔兰岛没有什么能使海森伯分心的。他一个人孤独地伴随着海边的沙石、大海的浪花，思考着电子的轨道问题，因此思考的进展要比在哥廷根快而深。他感觉到，只须再有几天就足以抛开所有数学障碍，得出他自己所考虑问题的简单的数学公式。

在赫尔兰岛的一个深夜，海森伯忽然意识到总能量必须保持常数。对，能量守恒！这一领悟使他可以把一种新的乘法规则，用到相应的经典表达式上，通过转译导出量子定态的能量。这一点确实是关键。他匆忙做了一些计算，经过若干失败的尝试，终于让结果与已知观察值非常符合。他成功了！海森伯终于等到了量子力学定律从他心底里涌现出来的伟大时刻。几年之后他回忆道：

> 一天晚上，我就要确定能量表中的各项，也就是我们今天
> 所说的能量矩阵（energy matrix），用的是现在人们可能会认
> 为是很笨拙的计算方法。计算出来的第一项与能量守恒原理相
> 当吻合，我很兴奋，而后我犯了很多的计算错误。终于，当最
> 后一个计算结果出现在我面前时，已是凌晨3点了。所有各项
> 均能满足能量守恒原理，于是，我不再怀疑我所计算的那种量
> 子力学具有数学上的连贯性与一致性。刚开始，我很惊讶。我
> 感到，透过原子现象的外表，我看到了异常美丽的内部结构，
> 当想到大自然如此慷慨地将珍贵的数学结构展现在我眼前时，
> 我几乎陶醉了。我太兴奋了，以至不能入睡。天刚蒙蒙亮，我
> 就来到这个岛的南端，以前我一直向往着在这里爬上一块突出
> 于大海之中的岩石。我现在没有任何困难就攀登上去了，并在
> 等待着太阳的升起。

这时的海森伯恐怕真有"海到无边天作岸，山登绝顶我为峰"的豪
迈感觉了！

1925年6月19日，海森伯回到哥廷根。经过反复考虑，他对
在赫尔兰岛所取得的突破进行提炼并总结成论文。这篇具有划时代
重要性的论文《关于运动学与力学关系的量子论转译》（以下简称
《转译》）完成于1925年7月9日。

在这篇论文中，海森伯开门见山地写道："本文试图仅仅根据
那些原则上可观测量之间的关系来建立量子力学理论基础。"

5. 量子力学的新形式

当海森伯将玻尔的对应原理加以拓展，并试图用来建立一种新

力学的数学方案时，他惊奇地发现他建立的是一个连他自己也十分陌生的数学方案，其最大特征是两个量的乘积决定于它们相乘的顺序，即 $pq \neq qp$（一般乘法是 $pq=qp$，如 $2 \times 3 = 3 \times 2$）。海森伯对这个新方案感到没有把握，因而在论文的结尾写道：

> 利用可观测量之间的关系……去确定量子论中论据的方法在原则上是否令人满意，或者说这种方法是否能开辟走向量子力学的道路，这是一个极复杂的物理学问题，它只能通过数学方法的更透彻的研究来解决，这里我们只是十分肤浅地运用了这个方法。

当别人还在对电子轨道恋恋不舍、犹豫不决时，彻底抛弃它的海森伯终于发现了一套新的数学方案——"魔术"乘法表，原子辐射的频率和强度在表中按照一定的规则排列成一个数的方阵，方阵之间按照一种新的乘法规则进行运算。

后来海森伯把他的论文《转译》送给他的导师玻恩，请他指点。玻恩在认真研究海森伯的符号乘法时，发现它们"既面熟又陌生"。他立即意识到在这个新的乘法规则背后，一定有一些基本的东西，可能对开拓新的量子力学有重要作用。经过整整一周的冥思苦想，到第八天早晨玻恩忽然领悟：海森伯的符号乘法就是代数中的矩阵乘法。而这些计算玻恩早在大学时代，就从布雷斯劳大学的罗桑斯（Jacob Rosanes，1842—1922）教授的线性代数课程中学过。难怪他有感到"面熟"！另一方面，由于海森伯的符号乘法在表达形式上与数学家的习惯方式有很大差别，海森伯当时完全不知

马克斯·玻恩

道"矩阵"为何物，难怪连玻恩这样的"矩阵"行家都要感到陌生了。

当玻恩识破了海森伯的量子乘法，其实只不过是两个矩阵相乘的规则后，也就立即断定它的发表价值。所谓矩阵，就是代数里常用的一种计算法，例如 2×2 的矩阵

$$\begin{bmatrix} 2 & 5 \\ 6 & 4 \end{bmatrix}$$

就是一个 2×2 的方块乘法表。3×3 的矩阵

$$\begin{bmatrix} 3 & 6 & 5 \\ 5 & 9 & 8 \\ 4 & 2 & 7 \end{bmatrix}$$

就是 3×3 的一个方块乘法表。这种计算方法在代数里常用，但是当时的物理学家很生疏，连学过这种计算方法并担任过希尔伯特助手的玻恩，都一时想不起来，更别说一般物理学家了。但是到了现在，不仅仅是物理学家已经经常使用这种计算方法，就是一般理科大学生在线性代数课里都一定会学到它，而且在很多领域都会经常使用它。

7月底，海森伯还在英国访问期间，《转译》在《物理学杂志》发表了。这篇论文及其新乘法规则开创了量子力学的矩阵形式。

海森伯只是出于物理学家的直觉，并迫于物理事实的需要，才发现了一个类似下棋规则那样的新规则，因此他的量子乘法缺乏严格的数学证明。现在需要像玻恩那样的"量子数学家"上阵参战了！

海森伯的乘法新规则经玻恩重新表述，成为矩阵力学的基本方程。原先在普通代数或经典力学中，$pq-qp=0$。现在原有的乘法交换律破坏了，但当用 $h/2\pi i$ 代替 0 之后，又重建了一种新的量子力学方程：

$$pq-qp= \frac{h}{2\pi i} I$$

（$i=\sqrt{-1}$，粗体字表示矩阵，I 代表单位矩阵）

玻恩在他的自传《我的一生》（*My Life, Recollection of a Nobel Laureate*）中回忆说：

> 将海森伯的论文送给《物理学杂志》发表之后，我开始思考他的符号相乘，不久我就极深地陷了进去，以致我天天想，夜里几乎睡不着觉。因为我觉得在它的背后有某些根本的东西，也是我们多年来奋力以求的目标。在一天早晨，大约是 1925 年 7 月 10 日，我突然看见了光明：海森伯符号相乘不过就是矩阵运算，从我的学生时代，从在布雷斯劳听了罗桑斯的课的时候起，我对这种运算就非常熟悉。

泡利收到海森伯《转译》的副本后的反应是"欢欣鼓舞"。紧接着几个月，由《转译》而引起的在量子力学方面的突破与进展，给一度灰心丧气的泡利带来"新的希望并重新唤起生活的乐趣"。正如泡利在 1925 年 10 月写信给他的学生克朗尼格（Ralph Krönig，1904—1995）说的那样："虽然这还不是谜底，但我相信现在有可能再一次向前推进了。"

不过泡利却失去了与自己以前的老师合作的机会，这要怪泡利自己一时糊涂。玻恩在自传中回忆说：

"当时是 1925 年 7 月中旬，德国物理学会的下萨克森区分会正准备在汉诺威召开一次会议。有相当多的物理学家从哥廷根坐火车去那儿；坐北方特快大概要一小时。在火车上我碰到了几个从其他大学来的物理学家，其中有我的前助手泡利。

"这阵子泡利已经很出名了，他写了很多极好的论文，其中有著名的不相容原理。就是靠这个原理，玻尔建立了他的元素周期系统的理论。泡利是从苏黎世（那边暑假开始比德国早些）来的，也去汉诺威开会。"

玻恩接着写道：

> 我与泡利正好在一个厢房里。由于对自己的新发现非常热衷，我立刻把有关矩阵的事告诉了他，并提到了求那些非对角元素时所遇到的困难，接着问他是否愿意在这个问题上同我合作。

> 但是，我得到的不是所期待的关心，而是冷冷的、讥讽的拒绝："是呀，我知道你喜欢搞冗长和复杂的形式主义，你只能拿你的琐碎的数学把海森伯的物理概念糟蹋掉。"……

> 提到泡利不愿同我合作的事，他后来对旁人做过解释，他说没有认真思考过海森伯的想法，并且不愿意干预海森伯的计划。……不论怎样说，我以为像泡利那样伟大的人，也免不了对这种很难的问题做出错误的判断：他没有抓住要点。

玻恩的墓碑。墓碑上有
$$pq-qp=\frac{h}{2\pi i}\,I$$ 公式

非对易方程由于包含普朗克常数 h，因而打上了量子化的烙印。这个新的非对易关系完全是玻恩靠着他那精湛的数学功底发现的，与海森伯几乎没有任何关系，但是由于玻恩"是天底下最谦逊的人"（维纳语），后来这个方程居然被称为"海森伯非对易关系"，实在是天下最可笑又可悲的误会！但是，海森伯本应该出来澄清，但是他却含含糊糊地听之任之，在做人这方面实在有一些不地道（海森伯做人不够地道还不止这一件事！）。但是玻恩到底没有把这个

他自己认为的最得意之作拱手让人，而是把这个公式刻在了他的墓志铭上，让无言的墓碑去叙述这段历史。

后来玻恩的另一位助手德国物理学家约尔丹（Ernest Jordan, 1902—1980）加入了合作，因为约尔丹的数学天才在哥廷根十分闻名。玻恩十分兴奋，日夜盼望的"自洽的量子力学"已经呼之欲出了！花两个月时间玻恩与约尔丹果真实现了这一目标。他们的合作论文《关于量子力学》完成于 1925 年 9 月下旬。这篇文章后来被称为"二人论文"，《转译》则被称为"一人论文"。

《关于量子力学》明确提出了矩阵力学的纲要。论文肯定海森伯的《转译》是他们的基本出发点，海森伯所表明的物理思想透彻而深刻，因而无须做补充，然而在数学形式上大有可改进之处，这正是玻恩与约尔丹所要做的工作。他们是这样来表白自己关于矩阵力学的研究纲领的：

> 海森伯的理论方法……向我们显示出相当大的潜在意义，它旨在建立一个新的与量子理论的基本要求相符合的运动学与力学表述。……引导海森伯的思想发展的物理上的原因已被他描述得那样清楚，以致任何附加的评论都显得是多余的。但是在形式、数学方面，他的处理尚处在它的初级阶段：他的假设仅仅应用在简单的例子上，没有被充分地过渡到一般的理论。由于他的思想尚处在形成阶段，我们就处在可以了解它的有利地位上。现在我们这里将努力简化海森伯的处理方法的数学形式并提出自己的一些结论。我们将表明，从海森伯所做的基本论

玻恩的助手约尔丹，他是一个数学天才

证的基础出发，建立一个既与经典力学明显地密切相似，又同时维护量子现象特征的严密的量子力学数学理论，实际上是可能的。

后来，在 1925 年 11 月 16 日，玻恩、海森伯和约尔丹三人又合写了一篇《量子力学Ⅱ》（被称为"三人论文"），其中第一次提出了一种系统的量子理论。在这个理论中，经典的牛顿力学方程被矩阵形式的量子方程所代替。后来人们把这个理论叫作矩阵力学。

1925 年 12 月 25 日，爱因斯坦在给好友贝索的信中对这个新理论评价说：

> 近来最有趣的理论成就，就是海森伯－玻恩－约尔丹的量子态的理论。这是一份真正的魔术乘法表，表中用无限的行列式（矩阵）代替了笛卡儿坐标。它是极其巧妙的……

杨振宁对约尔丹的贡献曾经说过一段评语：

> 约尔丹对理论物理学做过两个一流的贡献：在建立量子力学的三篇论文（即一人论文、二人论文和三人论文）中，约尔丹是后两篇论文的合作者。场论也是由三篇论文建立起来的，第一篇是狄拉克 1927 年的论文，另外两篇分别是约尔丹和克莱因、约尔丹和维格纳写的。约尔丹和维格纳的论文特别重要……

海森伯他们也自豪地宣称：这个新的量子力学已经达到了人们长期追求的目标。因为在新量子力学中，旧量子论该有的它仍然有（如定态能量与量子跃迁假说等核心假说仍包含在新体系的基础之中），而旧量子论本不该有的（如逻辑上的不一致性）它就不再有了。毫无疑问，新量子力学是逻辑上完全自洽而在数学上更严密的形式体系。并且它在原则上允许计算任何周期或准周期体系（例如原子），同时仍然与经典力学之间存在密切的相似性。

1926 年 3 月 16 日，海森伯和约尔丹从哥廷根提交了一篇论文，名为《量子力学在反常塞曼效应中的应用》。哥廷根的"矩阵工厂"开始生产它的批量的"量子产品"了。海森伯的乐观主义与进取精神已经转入玻尔所希望的轨道。海森伯与约尔丹利用电子自旋和量子微扰理论的全部套路，对原子的量子力学行为进行成功的计算。

1933 年，海森伯一人获得了补发 1932 年的诺贝尔物理学奖，而玻恩却榜上无名。这显然是极不公平的。连海森伯自己也觉得很过意不去。他在 1933 年 11 月 25 日写给玻恩的信中说：

亲爱的玻恩先生：

这么长的时间没有给你写信，也没有感谢你对我的祝贺，部分原因在于我对你实在于心有愧。我一个人接受了诺贝尔奖金，而工作却是你、约尔丹和我在哥廷根合作完成的，这件事使我深为抱憾，我不知道该怎么写信给你。当然，我很高兴我们共同的努力现在受到了敬重，我愉快地回忆起那段合作的美好时光。我还相信，所有善良的物理学家都知道你与约尔丹对量子力学结构的贡献有多么巨大，而且这是不会为外界的错误决定所改变的。为了全部出色的合作，我只能再次感谢你，并且感到有所羞愧。

致以亲切问候！

你的 W. 海森伯

1933 年 11 月 25 日于苏黎世

玻恩在他的自传《我的一生》里仍然谦逊地写道：

　　"这是虽然辛苦但是工作富有成效和充满欢快的时候，我们三人之间没有吵闹，没有猜疑，没有妒忌，读了我们文章的人都会明白这一点。海森伯的一封信也清楚地表明了这一点，……

　　"意味深长的是这封信的日期和地点：1933年11月25日于苏黎世。那时希特勒已经上台，我作为难民正住在剑桥。海森伯不能从纳粹德国寄出他的感受信，不得不等到他到了瑞士。

　　"得到这个文件我很高兴，它既是海森伯的友情的表现，也是我们在研究中合作的证词，这个工作使他单独获得了殊荣。"

　　后来玻恩终于在1954年因为对量子力学的贡献，获得了诺贝尔物理学奖。爱因斯坦立即写信给他："很高兴得知你获得了诺贝尔奖，为了你对量子理论的奠基性贡献，虽然它来得莫名其妙地迟。"

　　玻恩回信说："我没有在1932年与海森伯一同接受诺贝尔奖，这件事在当时深深地伤害了我。"

　　整个矩阵力学发现的过程和精彩的故事，再一次向人们显示：方程式比发现方程式的科学家的确要聪明得多。优美的物理学方程式非常美丽地藏身大自然里，不时向聪明努力的物理学家显示一下自己的婀娜多姿的身段，但物理学家就是不能很快分辨出大自然的这种极致的美，不经意地从旁边错过；只有经过反复多次艰苦的努力，才能逐渐发现那美丽到极致的奥秘。

　　矩阵力学的美，就是在这样反反复复的错愕中才最终发现。

六、波动力学的提名
——薛定谔方程

薛定谔方程：

$$\nabla^2\Psi + \frac{8\pi^2 m}{h^2}(E-V)\Psi = 0$$

式中 Ψ 是波函数（wave function），m 是电子的质量，E 和 V 分别表示电子的能量和势能，h 是普朗克常数，∇^2 是拉普拉斯算符（Laplacian）。

1926 年，奥地利物理学家薛定谔继海森伯提出矩阵力学以后，又提出"波动力学方程"（wave mechanics equation）来描述微观物体的运动。因为他们两人的理论开始显示出的巨大差异，以至于他们之间相互指责对方的理论。海森伯对薛定谔说："我越是考虑你的理论的物理内容，就越是厌恶这个理论。"

奥地利物理学家薛定谔

薛定谔不客气地回击道："在我知道你那蔑视任何形象化的、极为困难的超级代数方法，我要是不感到厌恶，就准会感到沮丧。"

于是，在物理学家们面前出现了类似莎士比亚的问题："海森伯还是薛定谔，这可是个问题。"

这个难题是如何出现的，又是如何解决的呢？这是物理学史中一个非常富有戏剧性的故事，真可谓一波三折，跌宕起伏！我们先从薛定谔的故事讲起。

1. 维也纳大学出来的物理学家

薛定谔于 1887 年 8 月 12 日出生于维也纳一个亚麻油毡厂主的家庭。他的父亲鲁道夫（Rudolf Schrödinger，1857—1919）虽然是一个工厂主，但不是整天迷着发财的那种资本家，他对知识和艺术有着执着的追求，早年学过植物学、化学，发表过许多关于植物遗传学的论文，还热衷于意大利油画和木刻。薛定谔的外公鲍尔（Bauer）在维也纳大学学习过数学和化学，后来在维也纳的一些大学和技术研究所当过教授，人们称他是"奥地利化学的铺路石"。薛定谔的母亲乔基（Georgie）喜欢音乐和文学，特别喜欢拉小提琴和读歌德的作品。乔基只生下这么一个儿子，因此薛定谔独占了父母的宠爱，分享了他们的知识和爱好。除了母亲的悉心关照以外，他从小还从两个姨妈罗达（Rhoda）和明妮（Minnie）那儿得到不亚于母亲的关爱。在这种条件下成长起来的薛定谔，和多数独生子女一样，不太合群，常常会做出一些使人难堪的举动，有时还会让人感到厌恶。

也由于是独生子，薛定谔的初期教育是在家庭中完成的，直到11 岁（1898 年）他才直接考入中学学习。他的父亲是他的启蒙老师，凡是他不懂的问题都向父亲请教。他还向父亲学习木刻艺术，后来木刻成了他终生的爱好。父亲对他的影响很大，这从他下面一段话可以清楚看出：

> 我很感激我的父亲。是他给了我舒适的生活，让我健康成长，并且让我享受到无忧无虑的大学教育。他直到生命垂危之

际，仍对所继承的兴隆的油布生意缺乏热情和天赋，他有着非同寻常的深厚文化功底；他在大学学的是化学，但很多年来，他都很关注意大利画家，自己也绘制风景画和铜版画，但最终这些都统统让位于显微镜，因此他还发表了一系列有关系统发育的文章。对他年岁渐长的儿子来说，他是良师，是益友，是永远不知疲倦的谈话伙伴，是可以激发他从事自己珍爱事情的帮手。我母亲非常和蔼可亲，是天生的乐天派，即使生活面临惶惑，也从不苛求。我感谢我的母亲，不仅因为她对我无微不至的关怀，我想还有我对女性的尊重。

进了中学以后，薛定谔才与家庭以外的人员接触。开始他的确有一些不适应，但后来却让他感到很愉快，这恐怕与他在学习上游刃有余，门门功课优秀领先有关。从进中学到 1906 年中学毕业，他在班里总是独占鳌头、遥遥领先。他的一个同学在回忆中写道：

> 我不记得我们这位佼佼者有回答不出老师提问的时候。我们都知道他确实是在课堂上就掌握了老师讲授的全部知识，而绝不是死记硬背埋头读书的人。特别是在物理学和数学中，薛定谔有着天才的领悟力，无需通过作业，在课堂上就能立刻理解老师所讲的东西，并加以运用。在最后三年，教我们这两门课的纽曼老师常常会在讲完当天的课程后，把薛定谔叫到黑板前，让他解答问题，他呢，简直就跟玩儿似的，轻松极了。对我们一般学生来讲，数学和物理真是可怕，而这两门偏偏是他偏爱的知识领域。

1906 年秋季，薛定谔以优等生的身份进入维也纳大学，维也纳大学的玻尔兹曼教授的统计力学思想吸引着年轻的薛定谔，引导着他走上物理学研究的道路。可惜在薛定谔进大学不久，玻尔兹曼于9月6日自杀了。薛定谔曾经说：

> 古老的维也纳研究所，不久之前玻尔兹曼以悲剧的形式离我们而去，弗里茨·哈森诺尔（Fritz Hasenöhrl，1874—1915）和弗朗茨·埃克斯纳（Franz Exner，1849—1926）在这所大楼里工作，玻尔兹曼的很多弟子在这里进进出出，此时我的心完全被一种伟大的思想占据了。对我而言，对一颗年轻热爱科学的心而言，玻尔兹曼的思想有着不可磨灭的影响，再也不可能有什么思想让我如此着魔了。

薛定谔认为，玻尔兹曼统计力学的精髓在于承认原子理论。在研究原子过程中玻尔兹曼略去了微观世界的细节，但对于不可观察的量绝对没有实证主义的态度。从薛定谔以后的研究中可以看出，他从玻尔兹曼那里牢牢记住了一个原则：理论虽然应当推导出与可观测量相符的结果，但理论工作的出发点绝对不能仅限于可观测的量。

由于玻尔兹曼的去世，薛定谔在大学主要是在理论物理学家哈森诺尔和实验物理学家指导下学习。

1910年，薛定谔在哈森诺尔手下获得博士学位，毕业后留在维也纳大学第二物理研究所工作，协助埃克斯纳教授，直到1914年第一次世界大战爆发。在战争期间，薛定谔在意大利前线海军炮台服役。1915年9月27日的日记中，薛定谔写道："真是可怕！我多么怀念工作啊！再这样下去，我一定会身心俱毁。"

这年年底，在他服役地区发动的一场进攻中，奥地利军队伤亡8万人，薛定谔命大，不仅没有负伤，还因为"作为炮兵连预备役指挥官指挥非常成功"，获得军中传令嘉奖。嘉奖令中说："在敌人反复发起的强大攻势面前，他无所畏惧，沉着冷静，是勇武豪胆的光辉榜样。"

但薛定谔的老师哈森诺尔却没有这样幸运，他在意大利前线蒂洛尔战区领导 14 步兵团作战时，被榴弹炸伤不治身亡。哈森诺尔的阵亡，使薛定谔痛苦万分。

后来，大约因为哈森诺尔的死亡引起了有关方面的关注，觉得这样高级科学人才牺牲在战场，损失太大，于是在 1917 年把薛定谔调到维也纳给防空军官讲有关气象学知识，同时还兼任大学物理实验课。这样，薛定谔又可以继续他的物理学研究了。

1921 年 9 月 16 日，薛定谔接受了苏黎世大学的聘请，成为这所名牌大学的教授。以前爱因斯坦、德拜（Peter Debye，1884—1966，美籍荷兰物理学家和化学家，1936 年获诺贝尔化学奖）、劳厄都在这所大学担任过教授，现在他也能到这所大学当教授，当然感到兴奋而且颇受鼓舞。他决心大干一场，争取获得高水准的研究成果。

1922 年，薛定谔显示出了他的能力。他用爱因斯坦的光量子学说解释了多普勒效应，率先把有质量粒子（massive particle）电子和无质量粒子（mass-less particle）光量子联系起来。多普勒效应是一个老课题，以前物理学家们从宏观层次研究过它，也有很好的结果；现在薛定谔用光量子和电子的粒子性来重新阐述这个问题，把"运动的光源"视为电子一边运动一边放出光量子，结果损失了部分动能和动量，然后利用能量守恒定律和动量守恒定律来计算光谱的位移量。这是在爱因斯坦 1905 年解释光电效应后，在电子和光量子之间发现的又一种关系。

1922—1923 年，薛定谔的课程排得满满的，每周 11 小时。与现在大学授课不同，那时著名教授要承担绝大部分的教学任务。薛定谔讲课很受学生欢迎，他的一个学生穆拉特（Alexander Muralt）回忆说：

> 他首先提出课题，接着回顾人们是怎么着手解决的，然后

用数学术语讲述其基础并在我们面前进一步演算。有时候，他会突然停下来，羞涩地一笑，坦白承认他在数学演算中遗漏了一个关键点，于是又重新回到关键的地方从头开始。这一幕真令人着迷，在他演算的过程中，我们学到了很多东西。自始至终他都不看备课本，直到演算完毕，他两相对照，说："对了！"在夏天，天气很热时，我们一起到苏黎世湖边浴场，坐在草地里做笔记，大家一起看着这个身穿泳裤的瘦子在我们带来的黑板上信笔进行数学运算。

1923 年是薛定谔科学创作低谷之年，这一年他没有发表一篇文章。低谷后面是波峰，他的伟大的创作就要来了！

2. 机遇找到了薛定谔

朗之万与爱因斯坦是很好的朋友，这是他们正在交谈中

法国物理学家路易·德布罗意（Louis Victor de Broglie，1892—1987，1929 年获得诺贝尔物理学奖）在 1924 年 11 月 25 日得到了博士学位，他的论文题目是《量子论的研究》，这是他 1922 年以来的研究总结，标志着物质波（matter wave）的发现。

1924 年底，慕尼黑大学物理化学教授亨利（V. Henri）到巴黎大学访问时，从德布罗意的导师朗之万（Paul Langevin，1872—1946）那里得到一份德布罗意的论文，他让一个同事带给薛定谔看，请他发表看法。薛定谔看了以后说："一派胡言！"

后来这位同事把薛定谔的意见转告了朗之万，朗之万说："我认为薛定谔说错了，他应该再多读几遍。"

薛定谔的确再"多次"读过德布罗意的论文，但其中原因不是听了朗之万的建议，而是受到爱因斯坦的影响。实际上当时对绝大多数物理学家来说，德布罗意的物质波理论非但奇特，而且简直是荒诞和真是"一派胡言"，怎么能把电子看成是一个波？这风马牛不相干的事，怎么能够扯到一起？在一片反对的声浪中，只有爱因斯坦认为物质波理论是"一项有趣的尝试，……是投射到

法国物理学家路易·德布罗意

我们这个最困难的物理之谜上的第一道微弱的光线"。

而且，爱因斯坦还在 1925 年 2 月发表的一篇关于量子统计的论文《单原子理想气体量子论》中，提到他文章中的"能量波动公式中的干涉项"是根据物质波推导出来的，还说：

> 一个物质或物质粒子系怎样与一个波场相对应，德布罗意先生已在一篇很值得注意的论文中指出了。

一贯重视统计力学研究的薛定谔看到了爱因斯坦的这篇论文，见爱因斯坦如此重视德布罗意的物质波思想，不免暗地里大吃一惊，于是他再次认真地研究了德布罗意的论文。

恰好这时德拜在一次会上对他说："薛定谔，我不明白德布罗意在说些什么，你读一下，也许能做一次不错的报告。"薛定谔答应了德拜的请求。

11 月 3 日，薛定谔写信给爱因斯坦说："几天前我怀着极大兴趣读了德布罗意别具匠心的论文，并且最终明白了……"

12 月 6 日，他给朋友朗德写信说："这些天来，我深入思

考了德布罗意别具一格的理论。它非常令人激动，但同时也面临困难。"

大约在 12 月 23 日，薛定谔在每两周举行一次的"专题讨论会"上，按照德拜的提议认真介绍了德布罗意的物质波理论。介绍完以后，德拜认为德布罗意的想法太幼稚，因此还追问薛定谔："既然涉及波动性，怎么没有波动方程呢？"

对呀！声波、电磁波都有波动方程来描述，那物质波也应该有一个波动方程呀！这个想法使薛定谔决定不惜一切去寻找到这个波动方程。

据当时参加过专题讨论会的美籍瑞士物理学家菲利克斯·布洛赫（Felix Bloch，1905—1983，1946 年获得诺贝尔物理学奖）回忆说：

> 德拜随便说了一句，他认为这种谈话的方式像弄着玩似的。作为索末菲的学生，他当然明白要想准确地了解波，必须有波动方程。……仅仅几周之后，薛定谔在讨论会上做了另外一个报告，他的开场白是："我的同事德拜建议应该有个波动方程；好吧，我已经找到了一个！"

但实际情形比布洛赫说的要复杂得多。布洛赫说的"另外一个报告"是在 1926 年 1 月 9 日以后做的。因为在 1925 年圣诞节前几天，薛定谔带着"前维也纳前女友"到玫瑰山谷（Arosa）共度圣诞佳节。玫瑰山谷是瑞士的滑雪胜地，每年许多欧洲人在圣诞节期间都喜欢到这儿来滑雪度假。薛定谔当时正被物质波的波动方程所困扰，决定趁假期与自己的情人在阿尔卑斯山雪地的清新空气中获得激情和灵感。

极有戏剧性的是，情人加雪山使薛定谔才智激增。圣诞节之后，他进入了长达 12 个月之久的活跃创造期。沃尔特·穆尔（Walter

赫维格博士的山庄。1925 年圣诞节，薛定谔在这儿发现了波动力学

Moore）在他的《薛定谔传》（*Schrödinger, Life and Thought*）中写道：

> 正如那位激发了莎士比亚创作十四行诗灵感的神秘女郎一样，这位在玫瑰山谷的女士也成了一个永久的谜。我们知道她既不是洛蒂（Lotte）也不是伊伦娜（Irene），也绝不可能是弗莉歇（Felicie）……不论薛定谔的这位神秘伴侣是谁，薛定谔灵感突然大爆发，非常令人惊讶。他进入了长达 12 个月之久的十分活跃的创造期，这在科学史上确实是罕见的。当他对一个重要问题感到迷惑时，他可以达到极度甚至绝对专心致志的程度，动用了他作为理论物理学家的全部智慧。

英国伦敦大学教授阿瑟·I. 米勒（Arthur I. Miller）在《情欲、审美观和薛定谔的波动方程》一文中更是活灵活现地写道：

153

埃尔温·薛定谔的一位好朋友回忆道，"他在生命中的一次姗姗来迟的情欲大爆发中完成了他的伟大工作"。这次顿悟发生在 1925 年的圣诞节，当时这位 38 岁的维也纳物理学家正与一位从前的女友一起，在瑞士达沃斯附近的滑雪胜地玫瑰山谷度假。他们的激情是长达一年的创造性活动爆发的催化剂。虽然薛定谔的妻子很可能对她丈夫最近一次不忠并非一无所知，但是就像那位激发了莎士比亚写那些十四行诗的黑女士一样，这位女友的名字仍然是一个谜。也许我们应该把一些了不起的事实归功于这位身份不明的女子，那就是使一些相互之间显然没有联系的研究线索结合了起来，而薛定谔就此发明了以他的名字命名的那一个方程。

我们现在来谈薛定谔在玫瑰山谷的伟大发现。开始他得到的一个方程是考虑了相对论效应的方程，也就是前面布洛赫说的"几周之后……找到了"的那个方程。但这个方程用来计算氢原子光谱时，得到的结果却与实验值不符合，而且也不能得到氢原子谱线的精细结构。这种失利让薛定谔当时十分沮丧，并使他怀疑自己思考的路线可能出了错误。现在我们已经明白，问题并不出在薛定谔身上，而是因为当时物理学家还没有发现电子有自旋（spin），因此薛定谔得到的方程只能描述无自旋的电子。过了几个月，他才从沮丧中恢复过来，再次回到这一研究中。1926 年上半年，薛定谔使用非相对论方法，得到了一个比原来还简单一点的波动方程，结果由方程推导出来的许多结果如光谱、频率、电子能级等，都与实验结果相符。

这个方程今天被称为薛定谔方程，是量子力学的基本方程，和经典力学中的牛顿方程相当。薛定谔用它不仅自然而然地解决了氢原子光谱中玻尔提出的假设，还算出了能级，导出了塞曼效应

（Zeeman effect）和斯塔克效应（Stark effect）。长期以来，物质怎样由原子组合起来，化学键的本质是什么，原子为什么稳定地存在……这一系列问题一直都是一个谜。现在好了，有了薛定谔方程，微观世界物质运动的规律终于被揭示出来。薛定谔本人也因此名垂青史，并于 1933 年获得诺贝尔物理学奖。

1926 年 11 月，他把六篇关于波动力学的文章结集出版，并写了前言：

> 这六篇文章应读者的强烈要求而再版。最近，我的一个小朋友对我说："嘿，当你开始时，你肯定从来没想过会产生出这么多聪明玩意儿。"在适当扣除含有恭维成分的形容词之后，我完全同意上述表述，这使我记起了这本书涵盖的工作成果，是一个一个接连取得的。后面部分的知识对于前面部分的作者来说经常是全然未知的。

比起量子理论发展史上的其他著名科学家，薛定谔可以说是大器晚成。他发表第一篇使他成名的波动力学论文时，有 39 岁。这个年龄本不算大，但爱因斯坦 26 岁、玻尔 28 岁、海森伯 24 岁、泡利 25 岁时，都一举成名了。薛定谔到快 40 岁的时候，还能在彻底改变经典物理学的量子革命中，成为中流砥柱，实在不简单。

3. 惊喜和诅咒并存

薛定谔的波动方程公开发表以后，出现了科学史上极罕见的、几乎是绝对对立的态度。老一辈的物理学家如爱因斯坦、普朗克、劳厄等，都惊喜得如久旱逢雨一样，欢呼雀跃、以手加额、奔走相告。但年轻的一代物理学家们如海森伯、泡利等则深恶痛绝、切齿愤盈，驱之唯恐不及。

普朗克（左）和薛定谔

早在 1926 年 4 月初，普朗克在收到波动力学的第一篇奠基性论文的抽印本之后，立即写信给薛定谔说：

> 我正像一个好奇的儿童听解他久久苦思的谜语那样，聚精会神地拜读您的论文，并为在我眼前展现的美而感到高兴。

几个星期以后，他又告诉薛定谔："您可以想象，我怀着怎样的兴趣和振奋的心情沉浸在对这篇具有划时代意义的著作的研究之中，尽管现在我在这特殊的思维过程中前进得十分缓慢。"

以前玻尔兹曼在赞扬麦克斯韦电磁场方程时，曾引用歌德的《浮士德》中那热情洋溢的话："这种符号难道不是出自上帝之手吗？"现在玻恩在赞扬薛定谔方程时，感叹地说："在理论物理学中，还有什么比他在波动力学方面的最初六篇论文更出色呢？"

爱因斯坦也高兴地写信给薛定谔说："您的著作的构思证实着真正的独创性。"

1926 年 4 月 23 日，薛定谔在写给爱因斯坦的信上感谢爱因斯坦对他的鼓励，并坦率承认他受惠于爱因斯坦的影响：

您和普朗克同意德布罗意的物质波的观点，对我比半个世界还有价值。而且，如果不是您的第二篇关于气体简并（degeneracy of gas）[①] 的论文使德布罗意思想的重要性恰到好处地引起我的注意的话，全部事情一定还不能，或许永远不能得到发展（我不是说被我发展）。

4 月 26 日，爱因斯坦又回信给薛定谔说："我确信，你已经做出了一次决定性的发展……正如我同样确信，海森伯……路线已经偏离了正轨。"

雅默尔（M. Jammer）在他的《量子力学概念的发展》（*The Conceptual Development of Quantum Mechanics*）一书中说：

薛定谔的光辉论文无疑是科学史上最有影响的贡献之一。它深化了我们对原子物理现象的理解，最终成为用数学求解原子物理、固体物理及某种程度上核物理问题的便利基础。它打开了新的思路，事实上，非相对论性量子力学以后的发展在很大程度上，仅仅是薛定谔工作的加工和运用。

由雅默尔的评价我们大致可以了解，薛定谔波动方程何以如此受到重视和欢迎。尤其是在海森伯提出矩阵力学以后，由于物理学家们普遍不熟悉他使用的代数方法，加上它过分强调德布罗意物质波的不连续性，从而使大部分物理学家心慌神迷、不知所措。正在这时，薛定谔用他的波动方程恢复了波动的连续性，能以简单的方式和大家熟悉的数学方法，消除玻尔提出的令人怀疑的量子

----

① 简并：以白矮星为例，白矮星体积小质量很大，因此引力极大，例如天狼星表面的引力是地球的 23500 倍。在如此强大引力的挤压下，原子中的电子离开了正常情形下的运动轨道，被压到一块儿，成了所谓"自由"电子，而原子核成了"裸露"的核。这种状态称为简并态。

跃迁，这是何等让人兴奋的事情！海森伯的实验物理导师维恩高兴地说薛定谔方程是"阐明了量子理论最重要的一步"，并且希望此后不要再陷入"量子泥坑"，他还预言"严格的物理学将再度占上风"。

但实际上，薛定谔这种片面强调波动性而完全抛弃了波粒二象性的观点，将给量子力学带来许多困难。因此泡利称薛定谔的理论是一种苏黎世的"地方偏见"，这让薛定谔难受了好一阵子。泡利还因此写信劝慰并加以解释："这不是针对你个人的不友善行为，我其实只想表达自己的观点：量子现象很自然地展示出连续物理学（场物理）概念所无法表达出的内容。"

海森伯比泡利更激进地反对薛定谔的理论，他写信给泡利说："对薛定谔理论的物理部分考虑得越多，我就越是厌恶它。薛定谔写的文章几乎没有任何意义，换句话说，我认为简直是在胡说八道。"他对薛定谔试图保留和恢复经典物理学连续性概念的努力，持严重怀疑态度。而薛定谔则认为矩阵力学缺少形象的模型，根本无法解决量子力学中的新问题，他写信给洛伦兹说："玻尔模型中的电子跃迁看起来真是荒谬。"

1926 年 7 月 16 日，薛定谔在柏林德国物理学会做报告，题目是《波动理论中原子论的基础》（The Basis of the Theory of Atomic Wave Theory），17 日晚上还为此在普朗克家举行了家庭晚宴。柏林的老一辈物理学家，如爱因斯坦、普朗克、劳厄、能斯特，对他的数学天赋及半经典化解释都显示了莫大的热情。普朗克甚至开始认真考虑来年退休后让薛定谔到柏林来接任他的职位。

7 月 21 日，薛定谔来到慕尼黑大学索末菲的"星期三讨论会"上做报告。两天后，他为巴伐利亚物理学会重复了在柏林的报告。海森伯恰好探亲也在慕尼黑，他去听了薛定谔的这次演讲。

在演讲前，维恩说："现在研究原子内部的问题，有了正确的理论，大家放了心。"索末菲插了一句："薛定谔的发现是 20 世纪最惊人的发现。"

接着，薛定谔做报告。海森伯越听越觉得薛定谔的说法有问题。他看了索末菲一眼，心想："索末菲教授也不会同意薛定谔的想法，他怎么不发言表示不同意呢？"

又听了一会儿，海森伯简直坐不住了，一直等到提问时他就站起来问道："请问您如何利用您的连续模型，解释如光电效应和黑体辐射这样的量子过程？"

维恩是东道主，觉得海森伯太狂，不给他请来的客人一点面子；再加上两年前海森伯在博士考试时的不愉快——对实验考题几乎是一窍不通，因此没有等到薛定谔回答就抢先气愤地打断了海森伯的话说：

> 年轻人，你还要先好好学点物理才行！我知道，由于薛定谔教授的发现，使你的那些奇怪的东西失去了意义，你的心情不好，但你不能如此无理。你提到的困难，我想，薛定谔教授一定会很快解决的。

还说"所有像量子跃迁之类的废话都结束了"。由于维恩大发脾气，当时的情景就正像后来海森伯对泡利说的那样："差一点把我从报告厅里扔出去！"于是会场秩序大乱。大家议论纷纷，像出了什么大乱子一样。索末菲见势不妙，连忙出面为薛定谔说好话："薛定谔的理论是很受欢迎的，不应该怀疑他的讲演。"

这次讨论会使海森伯颇为沮丧，他无法让自己的观点给众人留下印象。一向看重他的索末菲都不支持他，特别让他心烦意乱。他立即给玻尔写信谈到这儿发生的事情，于是玻尔写信给薛定谔，邀请他到哥本哈根认真地讨论一番。

这一去又发生了许多有趣的故事。

4. 薛定谔方程比薛定谔还聪明！

有趣而又奇怪的是在举众欢腾时，物理学家们心里都十分清楚，薛定谔方程中波函数 Ψ 的四周几乎是一片黑暗，大家都不知道如何解释 Ψ 这个函数。但这种状况似乎并没有怎么影响物理学家欢欣的心情，也许他们只能相信一句俗话："有了好的开头，总归会有好的结尾。"

薛定谔本人倒真有点坐立不安，因为他并不清楚他的方程式里波函数 Ψ 到底是指什么东西。而其他物理学家虽然也能够用薛定谔方程解决一些奇妙的问题，但却正如著名物理学家维格纳（E. P. Wigner，1902—1995，1963 年获得诺贝尔物理学奖）所说：

人们开始利用薛定谔方程进行计算，但是却有些稀里糊涂。

匈牙利裔美国理论物理学家维格纳

起初，薛定谔认为波是唯一实在的东西，粒子（如电子）实际上只不过是派生的东西，是波掀起的"泡沫"。这是一种一元论观点，为了坚持这一观点，他利用线性谐振动波函数（wave function）叠加成波包（wave packet），来代替电子的实际情形。他在 7 月 9 日发表的论文中指出："我们的波群（wave groups）永久地结合在一起，经过一定的时间不会扩展到一个更大的范围。"薛定谔的愿望是，波动力学将成为经典物理学的一个分支。但是，伤脑筋的是，波包，即波群这种玩意儿，在数学计算上总是弥散的，它有时聚拢，但又随时间而扩散，似乎电子将随时间时而"发胖"，时而"变瘦"。

虽然在 Ψ 的解释上争议颇多，但许多人都仍然十分认真地对待薛定谔方程，并利用它得出了许多结论。这种情况，使得薛定谔深感疑虑重重但责任重大。在一次会议上，他甚至对方程表示了某种程度的怀疑。德国物理学家文策耳（Gregory Wentzel，1898—1978）曾当场诙谐地对薛定谔说："薛定谔呀，最可庆幸的是别人比你更相信你的方程！"还有人作打油诗取笑薛定谔，说薛定谔的方程比薛定谔本人还聪明，薛定谔本人想不到的问题，方程竟能奇迹般地提出并加以解决。德拜的一位年轻同事、德国理论物理学家赫克尔（Erich Hückel, 1896—1980）写了一首打油诗：

> 薛定谔用他的普塞（Ψ），
> 能做许多好的计算；
> 但有一事实在不懂，
> 普塞到底意思何在？

薛定谔遇到的困难，实际上是因为他片面强调了波动性，试图抛弃波粒二象性所引起的。

转机来自 1926 年 9 月。9 月底薛定谔应玻尔的真诚邀请，来到了哥本哈根。海森伯在他写的《物理学和其他》一书中详细记录了薛定谔访问的情况。

> 玻尔和薛定谔之间的论战在哥本哈根火车站就拉开了帷幕，此后每日通宵达旦。薛定谔住在玻尔的家里，这样他们的论战几乎不受外部环境干扰。虽然玻尔为人友善体贴，但我感觉此时的他像着了魔一般，不给对手留丝毫情面。他寸土必争，

丝毫不让，不容忍他的对手有丝毫闪失。要充分表达这场讨论有多么热烈，双方的信仰有多么根深蒂固，几乎是不可能的，这充分显示了他们的辩才。

薛定谔坚持认为量子跃迁（quantum transition）的观点简直是胡说八道：根据电磁学定律，跃迁必须平稳连续地发生。玻尔则反驳说：跃迁的确会发生，我们不能用描述日常生活的旧理论模型来想象跃迁；这种过程不能直接感受到，我们已有的概念对它不适用；比如在推导普朗克黑体辐射定律时，原子的能量必须是分立的，它的变换也是不连续的。最后薛定谔举起双手，做出一个投降的姿势，无可奈何地说：

> 如果我们打算忍受这该死的量子跃迁，我真后悔不该牵涉到量子理论中来。

玻尔试图让他平静下来："如果你能做到这一点，我们其他人都会非常感激。而且你的波动力学在数学上是非常清晰和简洁的，与旧量子力学相比，是一个巨大的进步。"

争论夜以继日地进行着，但没有达成任何共识。几天后，薛定谔因感冒发热病倒在床。玻尔太太端茶送水地照顾他。不过即使在薛定谔病中，玻尔仍然坚持不懈地继续争论：

"但是当然，薛定谔，你必须明白……"

但是薛定谔还是不明白，为什么必须消除原子过程中的时空描述，至于如何实现，他也一窍不通。正如穆尔在《薛定谔传》中所写的那样："这次讨论深深地影响了薛定谔和海森伯两人。薛定谔意识到同时承认波和粒子的必要性，然而他从未对量子现象做出详尽解释以与哥本哈根正统学说相抗衡。他愿意保留审慎的怀疑态度，并对此感到满足。"海森伯也觉得薛定谔强调对微观客体进行时空描述多少有一些道理，而矩阵力学所缺乏的正是这种考虑。……不久，海森伯在考虑这种时空描述的过程中，发现了"不确定性原理"（uncertainty principle）。

1926年，薛定谔在一篇论文中令人意外地声称，矩阵力学和波动力学是统一理论的两个不同的方面，他指出：

> 矩阵和波动方程中的本征函数（eigenfunction）间等价确实存在，而且其逆等价也存在。不仅矩阵可用上述方法由本征函数来构造，而且反过来本征函数也可由矩阵给出的数值来构造。因此，本征函数并不是为"裸体的"矩阵骨骼上披上了一件任意的和特殊的"富有肉感的衣服"。

后来，人们将这两种力学通称为量子力学，而薛定谔方程则作为量子力学的基本方程。但薛定谔本人对方程中的波函数提出的物理解释则是错误的，后来玻恩对波函数提出一种"几率诠释"（probability interpretation）。这种诠释认为由波函数并不能准确确定一个电子的位置，只能根据波动情况，在空间某一点确定电子存在的几率。于是人们弄清楚了一个极重要的概念：对原子现象的描述在原则上只能是统计性的。

哥本哈根的一批物理学家在玻尔的直接影响下，迅速接受了玻恩的几率诠释；但与此同时，这一诠释又受到许多著名物理学家如爱因斯坦、薛定谔等人的反对，而且爱因斯坦直到去世都坚持认为："我无论如何都深信：上帝是不掷骰子的（God is not to throw the dice）。"

七、发现负能量——狄拉克方程

狄拉克方程：

$$\frac{1}{i}\gamma^{\mu}\partial_{\mu}\varphi + m\varphi = 0$$

式中 γ^{μ} 是反对易矩阵（anticommute matrix），m 是自旋为 $-\frac{1}{2}$ 粒子的质量，φ 为波函数。（$\mu = 0$，1，2，3，……）

在薛定谔提出一个量子力学的方程之后，英国物理学家狄拉克（P. A. M. Dirac，1902—1984，1933 年获得诺贝尔物理学奖）又提出了一个相对论性的波动方程。2004 年获得诺贝尔物理学奖的美国物理学家维尔切克（Frank Wilczek，1951—　）在他写的《一套魔法：狄拉克方程》一文中写道：

> 方程看来具有魔力。正像《魔法师的学徒》（*The Sorcerer's Apprentice*）[①] 所变幻出来的那把扫帚一样，方程会具有其自身的力量和生命，给出其创造者所意想不到的结果，失去控制，甚至可能会使人厌恶。爱因斯坦的质能公式 $E=mc^2$ 是他的狭义相对论对加固经典物理基础的最大贡献。然

---

① 德国伟大的作家、思想家、自然科学家歌德于 1797 年创作的不朽之作《魔法师的学徒》，形象地描绘了一个顽皮的魔法师学徒，自作聪明地用魔法令拖布和扫帚自己去打扫房间。不料由于自己对魔法的掌控力不够，导致拖布和扫帚不再受自己的控制。不停不休的拖布和扫帚反而把房间弄得更乱。

而，当他发现这一公式时，他既没有考虑过大规模杀伤性武器，也没有认识到会有能量取之不竭的核电站。

在物理学的所有方程中，狄拉克方程也许是最"具有魔力"的了。它是在最不受约束的情况下发现的，即受到实验的制约最少，且具有最奇特、最令人吃惊的种种结果。

……狄拉克却不同于其他的那些物理学家，也不像物理学大师——牛顿和麦克斯韦，他不从实验事实出发研究，哪怕是一点点都不。他改为用不多的几个基本事实以及一些已意识到的必要理论规则（现在我们知道其中的一些是错误的）来引导他的寻觅。狄拉克试图用一个精简的、数学上一致的构架把这些原理涵盖在一起。在"耍弄了一些方程"（这是他的原话）以后，他灵机一动，得出了一个非常简单、优美的答案。当然，这便是狄拉克方程。

英国物理学家狄拉克

杨振宁教授在中央电视台《百家讲坛》做过一次演讲，题目是"新知识的发现"，在这次演讲中他提到了狄拉克：

又过了半年，另外一个年轻人出现了，这就是狄拉克。狄拉克一来，……他把费米的工作，玻色的工作，海森伯的工作，都一下子网罗在里头。所以我曾经说，看了狄拉克的文章以后，你就有这么一个印象，觉得凡是对的东西，他都已经讲光了，你到里头再去研究，已经研究不出来东西了。

由维尔切克和杨振宁的话，可以看出狄拉克非同一般的贡献和才能了。但这样一位伟大的天才却有着非常不幸的童年。

1. 狄拉克青少年时期

一切都起因于他的父亲查尔斯·狄拉克（Charles Dirac，1868—1936）的特殊性格和教育方式，它们影响了狄拉克一生。他的父亲是一个身体壮实、固执己见、专横霸道的家长，在布里斯托尔商业技术学院教法语。他自己厌恶社交，因此把整个家庭管制得像一座牢狱一般，不准家庭任何成员与外界有"过多的"接触。狄拉克后来多次抱怨他父亲把他控制在一个冷酷、沉寂和孤立的环境里。他曾对物理学史作家梅拉说："命中注定我只能是一个性格内向的人。"1962年他对科学哲学家库恩（Thomas Samuel Kuhn，1911—1996）说："在那些日子里，我从不与任何人讲话，除非别人对我说话。我是一个性格十分内向的人，因此，我把我的时间都用在对大自然问题的思考上。"

1962年他在接受访谈中还说：

> 实际上在我童年、少年时期，我一点社交活动也没有。……我父亲立下了这样一个家规：只允许用法语讲话。他认为这样会对我学习法语有好处。由于我不能用法语表达，所以我就只好保持沉默而不能用英语讲话，因此，那时我就得十分沉默寡言。这一切在我很小的时候就形成了。

狄拉克很少和男孩一起游戏、玩耍，更不用说与女孩交往了。他无法抗拒父亲的专制作风，幸亏他对数学和物理学的领悟能力很强，这使他能以宗教般的热忱沉醉于数学和物理学伟大的美之中。随着年龄的增大，狄拉克潜意识中对他的父亲感到憎恶，不希望与父亲有任何接触。1936年他父亲去世时，他没有感到伤心，在给妻子的信中甚至写道："我现在感到自由多了。"

1918 年，16 岁的狄拉克进入布里斯托尔大学工学院（Bristol University Institute of Technology）。这时他的人生道路已经开始，但他还没有想好应该怎么走。他并不是因为想成为一名工程师而进工学院，实际上他喜欢的是数学，这是他唯一喜爱的学科。但是这时的狄拉克还远没有成熟，在枯燥的工科学习期间，幸好发生了一件当时震惊世界的科学事件，改变了狄拉克的一生。

1919 年 11 月 6 日，英国皇家学会和皇家天文学会召开联合会议，公布爱丁顿和戴森（Frank Dyson）在当年 5 月底的日食考察中，证实了爱因斯坦广义相对论所做的预言，使诞生了 14 年之久的广义相对论，从默默无闻一下子变成了媒体头版头号新闻，炒得几乎家喻户晓。原来不知道相对论的狄拉克，迅即迷上了相对论。他在自己 1977 年写的《激动人心的年代》一文中回忆说：

> 要看出产生这个巨大影响的原因是很容易的。我们刚刚经历过一场可怕的、十分残酷的战争。……每个人都想忘记它。那时，相对论作为一种通向新的思想境界的奇妙的想法出现了。这是对过去发生的战争的一种忘却。……那时，我是布里斯托尔大学的一名学生，当然，我也被卷进由相对论激起的浪潮当中。我们大家对此谈论很多，学生们彼此讨论相对论，但极少有什么精确的知识能将讨论继续下去。相对论曾经是每个人觉得自己能够以一般的哲学方式写文章讨论的主题。哲学家们只是提出了每一事物都必须相对于其他事物来加以考虑的观点，他们居然因此声称他们一贯懂得相对论。

自从 1919 年底开始，狄拉克就一直痴迷于相对论，并很快深入学习下去。他最先自学的是爱丁顿 1920 年出版的《空间、时间与引力》（*Space, Time and Gravitation*），从此他对理论物理学的热情从来没有衰减过。

　　1921 年，工学院毕业以后正好遇上战后英国经济萧条，失业率居高不下，他找不到合适的工作，只好又回到布里斯托尔大学专攻了两年数学。这时，狄拉克杰出的数学才能被数学教授彼得·费雷舍（Peter Fraser）发现。1923 年，在一份奖学金的资助下和费雷舍推荐下，狄拉克来到了他思慕已久的剑桥大学。

2. 剑桥大学的研究生

　　1923 年，狄拉克离开了父母来到剑桥。剑桥大学是狄拉克生命历程中最重要的地方，在这儿他才被造就成为一位著名的物理学家，成为继牛顿、麦克斯韦之后的又一代宗师。

　　在剑桥大学，英国物理学家、天文学家拉尔夫·霍华德·福勒爵士（Sir Ralph Howard Fowler，1889—1944）被指定为狄拉克的导师。开始，狄拉克对福勒成为他导师感到失望。这有两个原因：一是福勒是著名学者，经常在国外开会，研究生要想找到他至少得碰五六次壁才见得上一次；其次是福勒是剑桥唯一的一位紧跟量子

论最新发展的物理学家，而 1923 年夏天，狄拉克对量子理论知道得很少，而且开始的时候他还觉得这个领域的研究远不及他知道得较多的电动力学和相对论有趣。

　　但是，既然已经成为福勒的研究生，也不得不硬着头皮学习原子理论和正在兴起的量子理论。幸好不久他就发现，量子理论很有吸引力。在回忆中他说：

英国物理学拉尔夫·福勒

　　福勒向我介绍了一个十分有趣的领域，这就是卢瑟福、玻

尔和索末菲的原子理论。我先前从来没有听说过玻尔的理论，它使我大开眼界。令我十分惊讶的是，在原子理论里居然也可以应用经典电动力学方程。在这之前我认为，原子是一个完全假想的事物，而今天已经有人开始研究原子结构的方程式了。

在剑桥大学，狄拉克很快发现自己在布里斯托尔大学获得的知识有很大的缺陷，他立即勇起直追，开始阅读和研究当时刊登量子理论最多和最重要文章的德国的《物理学杂志》，以及德国物理学家索末菲的权威性著作《原子结构和光谱线》（*Atomic Structure and Spectral Lines*）。

在一年时间里，狄拉克迅速掌握了当时量子理论所有的新知识。除此以外，狄拉克也没有放松对经典力学和相对论的学习。通过学习英国物理学家爱德华·惠特克（Edward T. Whittaker）的《粒子和刚体的分析动力学》（*A Treatise on the Analytical Dynamics of Particles and Rigid Bodies*），狄拉克掌握了哈密顿动力学和一般变换理论，这两个理论的精通，使他以后在量子力学的研究中迅速成为领军人物。他研究爱丁顿的新著《相对论的数学原理》（*The Mathematical Theory of Relativity*），进一步掌握了相对论的精髓，这对他日后发展量子力学也起了关键作用。

他像一艘待发的军舰，时刻准备冲向科学新发现的海洋！

英国物理学家莫特（Nevill F. Mott，1905—1996，1977 年获得诺贝尔物理学奖）在自传《为科学的一生》（*A Life in Science*，1986）中曾说："在剑桥大学作物理专业的学生是一件孤独得可怕的事情。"但对于从小习惯孤独的狄拉克来说，他一点儿也不觉得孤独，甚至于有如鱼得水之乐。他在回忆中写道：

那时，我还只是个研究生，除了搞研究以外没有别的什么职责，我集中全部精力于更好地理解物理学当时所面临的问题。

　　和当前的大学生一样，我对政治一点儿兴趣也没有，我完全投身于科学工作之中，日复一日，从不中辍，只有星期天我才放松一下。如果天气好的话，我就独自一人到乡间走一走。散步的目的是在一周的紧张学习之后休息一下，也许还想为下星期一的研究得到一个新的看法。但是这些散步的主要目的是休息，就是有问题我也会把它们置诸脑后，有意识地不去思考。

　　1924 年 3 月，在狄拉克到剑桥大学半年之后，他开始发表论文，他的第一篇论文发表在《剑桥哲学学会学报》（*Journal of Philosophy to Cambridge*）上。此后他就一发而不可收地接连发表论文，到 1925 年底已发表了七篇文章，内容有相对论、量子论和统计力学的，这充分说明他已经具有了一定的研究能力。事实上他在 1925 年就开始引起剑桥内外物理学家们的关注。福勒曾经不无骄傲地对 C. G. 达尔文（Charles G. Darwin，1887—1962，他是发现生物进化论的达尔文的孙子）说："狄拉克是我的一位天才学生。"

　　到了 1925 年夏天，狄拉克已经在剑桥被普遍认为是一位有前途的理论物理学家，但在英国之外，他还不被人知。但机会很快就来了，在接下来的一年里，他迅速成为广为世人所知的大师级物理学家了。

3. 初显身手，气象不凡

　　1925 年 7 月 28 日，海森伯到剑桥大学卡皮查俱乐部（Kapitza Club）做了一次演讲，题目是"光谱项动物学和塞曼植物学"（Term-zoology and Zeeman-batany）。在演讲中海森伯介绍了他刚发现不久的推导光谱规则的新方法。这种方法上一节已经介绍过，即后来被玻恩、约尔丹弄清楚的矩阵力学和非对易规则。

　　狄拉克那天有事没有听到海森伯的演讲，幸亏福勒听了，而且

8 月底福勒还收到海森伯论文的副本，他看了以后立即把副本寄给了狄拉克，并叮嘱他仔细研究这篇令人惊讶的文章。那时狄拉克正在布里斯托尔与父母一起度暑假。

狄拉克立即认真阅读和研究了海森伯的论文。他迅即明白，海森伯创建了研究原子的一个革命性方法。接着，他进一步深研海森伯论文后蕴含的物理思想，发现海森伯的思想不清晰，表述也因此复杂而难于让人理解，而且海森伯还没有考虑到相对论。狄拉克深入学习过分析力学和相对论，他觉得如果在哈密顿的变换理论（Hamilton's transformation theory）中表述海森伯思想，不仅可以使思想脉络一清二楚，而且还可以使之与相对论相符。

狄拉克在课堂上

杨振宁对海森伯的特点做过概括，他说：

> 海森伯的特点是，他在模模糊糊之中，就抓住一个东西不放。他这个本领特别厉害，屡屡显示出来。……狄拉克一来，这问题就完全明朗化了。

暑假结束后，狄拉克回到剑桥，继续思考海森伯论文中出现的奇怪的不可对易动力学变量（时间、位置、能量，等等）。他做过一次尝试，想改变海森伯的计算思想方法，但是没有成功。在 10 月的一次散步中，他灵感突现，找到了不可对易量奥秘的钥匙。他在 1977 年写的《激动人心的年代》一文中说道：

> 1925 年 10 月初我返回剑桥，又恢复了我原先的生活方式，在一周之内我紧张地思考那些问题，星期天休息一下，独自到郊外徒步远行。这些远足的主要目的是休息，以便下星期一我能精神振作地开始工作……就是在 1925 年 10 月的一个星期天的散步中，尽管我想要休息一下，但我还是老想着这个 $uv\text{-}vu$，我想到泊松括号（Poisson brackets）。我记起了以前我在高等力学书籍中研读过的这些奇怪的量，即泊松括号，根据我能回忆起的内容，两个量 u、v 的泊松括号与对易子（commutator）$uv\text{-}vu$ 看起来十分相似。我想，这个想法先是闪现了一下，它无疑带来了一些激动，然后自然又出现了反应："不对，这可能错了。"我不大记得泊松括号的精确公式，只有一些模糊的记忆。但这里可能会有一些激动人心的东西，我认为，我也许领悟了某一重大的新观念。这实在是令人焦躁不安。我迫切需要复习一下泊松括号的知识，特别是要找出泊松括号的确切定义。但是那时我正在乡下，没有书可查，所以我必须马上赶回家去查看我能找到的关于泊松括号的东西。我仔细查阅了我听各种讲演时所做的笔记，但其中竟没有一处提到泊松括号。我家里有的教科书都太粗浅了，不可能提到它。我真是什么也不能干，因为那是星期日的傍晚，图书馆全都闭馆了。我只好迫不及待地熬过那一夜，不知道这一想法是否真的好。但我仍然认为我的信心在那一夜间逐渐增长了。第二天清晨，一家图书馆刚开门，我就赶紧进去了。我在惠特克的《粒子和刚体的分析动力学》中查到了泊松括号，发现它们正是我所需要的。

狄拉克很快推出泊松括号与海森伯的乘积有如下关系：

$$（xy-yx）= \frac{ih}{2\pi}[x, y]$$

上式左端是海森伯乘积（$xy-yx \neq 0$），右端 $[x, y]$ 即泊松括号，h 为普朗克常数。有了这一重要发现，狄拉克立即写出论文《量子力学的基本方程》（The Fundamental Equation of Quantum Mechanics）。《皇家学会会报》在 11 月 7 日的一期迅速发表了他的文章，从收到到发表只用了三周时间，可见编辑部和福勒深知这篇文章的重要性。事实上，狄拉克的这篇文章不仅使他一下子名声大作，而且这篇文章也很快成为现代物理学经典著作之一。

有了狄拉克推出的方程，他可以用它推出一个令人满意的、符合玻尔氢原子理论的定态定义，还能推导出 1913 年玻尔给出的频率公式

$$E_m - E_n = h\nu$$

我们还记得，玻尔在他的理论中，定义和公式都是作为假设人为地提出的，而在狄拉克的新方程中，却可以由方程自然推导出来。这确实是一件了不起的成就，所以狄拉克也十分满意。他把论文的副本寄了一份给海森伯。海森伯回信称赞了狄拉克的文章"非常漂亮"，但也告诉了一个让狄拉克非常失望的消息，原来他得到的公式，已被海森伯、约尔丹和玻恩先发现了。海森伯在 1925 年 11 月 20 日写给狄拉克的信中安慰道：

我现在希望您不要为此事而感到不安，因为您的部分结论前些时候已经在这儿被发现了，并且在两篇论文中独立地发表了：一篇是玻恩和约尔丹写的，另一篇是玻恩、约尔丹和我合写的。然而，您的结果绝不是不重要的。一方面，您的结果，特别是关于微分的一般定义及量子条件与泊松括号的联系，考

虑得比我们深远；另一方面，您的文章也的确比我们给出的表述更好、更精练。

虽然这件事让狄拉克感到有一些失望，但他感到满意的是，事实证明量子力学可以按照他的思路独立地发展，而且他相信他的方法更适合量子力学进一步的发展，例如荷兰物理学家克拉默斯就认识到：狄拉克的结果比海森伯和玻恩的研究更有成效。

就因为这一篇文章，狄拉克在物理学界的名声很快就大幅快速提升，并迅速被认为是新量力学的奠定者，经常被请到卡皮查俱乐部发表学术演讲。在随后的一年里，他已成为世界物理学界一位明星。如果我们记得，1925 年狄拉克 23 岁，还是一位在读研究生，欧洲大陆的量子理论前辈几乎都不知道他，我们一定会惊讶于他那与众不同的能力。

1926 年 5 月，狄拉克完成他的博士论文，随后得到了博士学位，并留在剑桥大学任教。

4. 狄拉克方程第一个意想不到的礼物——自旋

正在这期间，量子力学研究领域发生了一件大事：薛定谔按照德布罗意电子是一种波的思想，提出了自由电子的波动方程，即前面提到的薛定谔方程。

狄拉克可能是 1926 年 3 月中旬第一次听说薛定谔方程的，那时德国物理学家索末菲在剑桥大学访问。4 月 9 日，海森伯写了一封信给狄拉克，想知道狄拉克对薛定谔方程有什么看法："几周以前，薛定谔发表了一篇文章……您认为薛定谔对氢原子的处理方法究竟与量子力学有多大关系？我对这些数学问题很有兴趣，因为我相信这个理论将有巨大的物理意义。"

海森伯信中说的"量子力学"只是指他发现的"矩阵力学"，

还不知道薛定谔方程后来成了量子力学中的首要基本方程。狄拉克早在 1925 年夏天就赞成德布罗意的物质波理论，并且证明这个理论与爱因斯坦光量子理论等价，但是当时狄拉克太专注于海森伯的矩阵理论，没有想到把物质波理论发展成具有波动性的量子力学的理论；薛定谔的理论发表后，他也没有认为它值得深究。狄拉克在回忆中曾写道：

> 起初我对它（薛定谔的理论）有点敌意……为什么还要倒退到没有量子力学的海森伯以前的时期，并重建量子力学呢？我对于这种必须走回头路，或许还得放弃新力学最近取得的所有进步而重新开始的想法，深感不满。一开始我对薛定谔的思想肯定怀有敌意，这种敌意持续了相当一段时间。

后来，泡利和薛定谔先后证明薛定谔的波动力学和海森伯的量子力学（矩阵力学）在数学上是等价的以后，狄拉克对薛定谔理论的"敌意"立即消失了，并认识到在计算方面薛定谔波动力学在许多情况下更优越。他还发现波动力学正合他的需要，可以用他熟悉的分析力学、相对论力学来理解和计算。因此，他立即开始紧张地研究薛定谔的理论，并很快就掌握了它。

我们知道，狄拉克一直钟情于相对论，深知相对论方程里时空融合在一起，在洛伦兹变换下应该是协变的。但薛定谔方程中时间和空间扮演截然不同的角色，所以它的非相对论性是十分明显和固有的。

薛定谔并不是不知道这一点，他明白相对论的考虑至关紧要。前面我们提到过，最初他导出的是一个相对论性的方程，但他没有发表，因为这个方程所导出的精确氢原子光谱与实验测定值不符。为此他沮丧了几个月，后来他放弃了相对论性波动方程，得到了一个与实验值相符的非相对论性波动方程（即薛定谔方程），他把它公布于世，却因此大获名声，还在 1933 年因此获得了诺贝尔奖。薛定谔后来向狄拉克谈到了他的这一经历，狄拉克在《激动人心的年代》一文中记录下来：

> 薛定谔深感失望。（他的第一个相对论性方程）这么漂亮，这么成功，就是不能运用于实践中。薛定谔该怎么面对这种情况？他告诉我，他很不开心，把这事放下了几个月。……对于放弃第一个相对论性方程，他一下子还下不了决心。

狄拉克认为，薛定谔本应该坚持他那漂亮的相对论性理论，不用太多地考虑它和实验的不一致。狄拉克的这一思想后来成为他"数学美原理"的基石。

1962 年 6 月，玻尔（左）、海森伯（中）和狄拉克
在林道诺贝尔获奖者聚会上

1926 年底，电子自旋和相对论有着密切联系得到了普遍的承认，但自旋、相对论和量子力学三者间如何自洽地统一到一个理论之中，人们观点很不一致。在薛定谔方程里，自旋只能作为一个假设置入方程式里，而方程本身并没有这个解。这显然不能令人满意。
狄拉克有强烈的信心，认为自旋问题不足虑，用不了许久就会自然而然地弄清楚。十分有趣的是，1926 年 12 月，当狄拉克在哥本哈根访问时，他与海森伯就什么时候能正确解释自旋还打了一个赌。

1927 年 2 月海森伯给泡利的信中写道："我和狄拉克打了一个赌，我认为自旋现象就像原子结构一样，至少还要三年时间才能被弄清楚。但狄拉克却认为将在三个月里（从 12 月初算起）肯定可以了解自旋。"

更有趣的是，一直不相信电子有自旋的泡利本人，差不多在同时与克拉默斯打赌说："不可能构造一个相对论性自旋量子理论。"

狄拉克在与海森伯打赌了以后，开始潜心寻找一个相对论性波动方程，但应该指出的是他开始也没有把这个方程与自旋联系在一起，他只是一心一意想构造一个符合相对论性物质波的波动方程。海森伯与狄拉克的打赌，各对一半。狄拉克在三个月里没有弄清楚自旋，但在两年后（但不是三年）竟然意外地弄清楚了，而且是在他提出相对论波动方程以后由方程自动弄清楚的！泡利的打赌则完全以失败告终。事情的经过如下。

1927 年 10 月，狄拉克受到索尔维会议的邀请，这说明他已经成为世界顶级物理学家之一。在会议期间，狄拉克向玻尔提到了他对相对论性波动方程的看法。哪知玻尔回答说：这个问题已经被克莱因（Oskar Klein，1894—1977）解决了。狄拉克本想向玻尔解释他对克莱因的方程并不满意，但会议恰好要开始了，他们的谈话中止；此后他也没有和玻尔进一步深谈。狄拉克是一位腼腆少言的人，而且厌恶争论。他只是认为：

> 这件事使我看清了这样的事实：一个根本背离量子力学某些基本定律的理论，很多物理学家却对它十分满意。……这和我的看法完全不同。

从布鲁塞尔的索尔维会议回到剑桥以后，狄拉克撇开其他所有问题，专注于研究相对性电子理论。令所有人惊讶的是，两个月内整个问题全都解决了。1927 年圣诞节前几天，C. G. 达尔文到剑桥时得知狄拉克的新方程，12 月 26 日就写信告诉玻尔："前几天我去剑桥见到了狄拉克，他现在得到了一个全新的电子方程，它们很自然地包含了自旋，好像就那样自然而然地得到了。"

如果根据量子场论的惯用方式 $\eta=c=1$，狄拉克方程就成为一个如下很简单的方程：

$$\frac{1}{i}\gamma^\mu\partial_\mu\varphi+m\varphi=0$$

（式中 γ^μ、m、φ 在文章开始时就讲过了）

狄拉克就像发现 X 射线的伦琴（Wilhelm C. Röntgen，1845—1923）一样，通常独自一人工作，非常私密，以至于他如何工作基本上不为人知晓。英国物理学家内维尔·莫特在《回忆保罗·狄拉克》一文中写道："狄拉克的所有发现对我来说，都来得很突然，它们仿佛在那儿等着他去发现。我从来没有听见他谈到它们，它们简直就是从天而降！"

狄拉克的划时代的论文《电子的量子理论》（The Quantum Theory of Electron）于 1928 年分两部分发表于《皇家学会会报》的 1 月和 2 月的刊上。文中的电子相对性波动方程就是鼎鼎大名的狄拉克方程。

狄拉克方程是建立在一般原理之上的方程，而不是建立在任何特殊电子模型之上。当泡利、薛定谔等人热衷于复杂的电子模型时，狄拉克对这些模型一律嗤之以鼻，一点儿兴趣也没有。他拒绝使用任何电子模型，结果他从数学得到的方程带来了丰富的成果，其中有一些是意料不到的。首先，这个方程自然而然地得到自旋，而他事先根本没有考虑自旋；其次，他的新方程得到了氢谱线精细结构的修正值，而这正是德布罗意和薛定谔无法做到的；其三，也是更令人惊讶的，狄拉克的新方程预言了一个新的基本粒子（正电子）的存在，而且 1932 年居然被美国物理学家卡尔·戴维·安德森（Karl David Anderson，1905—1991）在实验中偶然发现了这个新粒子！

没有事先引进自旋，就能够得到正确的自旋解；这是一个伟大而又没有意料到的胜利。连狄拉克自己都颇为震惊，他在回忆中说：

> 我对于把电子的自旋引进波动方程不感兴趣，我根本没有考虑这个问题，而且也没有利用泡利的工作。其原因是，我主要的兴趣是要得到与一般物理解释以及变换理论相一致的一个相对论性的理论……稍后，我发现最简单的解就包含有自旋，这使我大为震惊。

狄拉克的《电子的量子理论》是他对物理学做出的最大贡献，其中的狄拉克方程的"聪明"的程度简直大大出乎人们的意料！约尔丹说："要是我得到了那个方程该多好啊！不过，它的推导是那么漂亮，方程是那么简明，有了它我们当然高兴。"曾与玻恩一起工作的比利时物理学家罗森菲尔德（Leon Rosenfeld，1904—1974）说："（自旋的推演）被认为是一个奇迹。普遍的感觉是狄拉克已经得到的比他应该得到的还要多！要是像他那样搞物理，就无事可做了！狄拉克方程真的可以看作是一个绝对的奇迹。"连一向心高气傲的海森伯也曾对他的学生外扎克（Carl-Friedrich von Weiszäcker，1912—2007）说：

> 那个叫狄拉克的年轻英国人是那样的聪明，根本无法与他竞争。

到了 20 世纪 30 年代，狄拉克方程已经成为现代物理学的基石之一，标志着量子理论的一个新纪元的到来。它无可争议的地位并不在于在实验上它一再被证实，而是在于它在理论上的巨大威力和涵盖的范围。

5. 狄拉克方程的第二个意想不到的
礼物——反粒子

更让所有物理学家惊讶的是，这个方程预言有一颗新的粒子存在！这使得狄拉克方程比起薛定谔方程更加神奇和惊人，狄拉克方程不仅自动出现电子自旋，解决了电子自旋的奥秘，让狄拉克"大为震惊"，而且还石破天惊地预言有一颗反粒子（anti-particle）的存在，这不只是让狄拉克本人"大为震惊"，而且让全世界科学家都目瞪口呆了！

原来，狄拉克方程包含了 4 个分量，也就是说它包含用 4 个分离的波函数来描述电子。其中两个分量成功地解释了电子的自旋，另外两个分量该怎么办呢？开始狄拉克觉得事情有一些不大好办。因为要想解决另外两个分量，似乎电子的能量除了可以取正值以外，还可以取负值。"能量取负值？"这在当时简直是太荒谬了！负能量是什么意思？人们从来没有听说过或者想到过荒谬至极的负能量。

那么，也许可以抛弃狄拉克方程中这个"极其荒谬"的解？每位中学生十分熟悉，当解方程得出一个不合理的负值（如求多少人参加什么活动，结果得出负值）时，便会毫不犹豫地把这个负值作为"增根"（extraneous root）而舍去。例如，求能量 E 时得出下面的解：

$$E = \pm \sqrt{p^2c^2 + m^2c^4},$$

中学生或一般的科学家会因为能量不能为负值，而毫不犹豫地将负值作为"增根"舍去。

现在狄拉克也遇到了这个问题，他也想将这负根舍去。但他又觉得不能舍去这个负值，负值对于全面描述电子的行为有重要的价值。狄拉克当然知道，承认了有负能量的物体，将会给物理学带来多么巨大的困难，但是，一方面科学家的好奇心是没有止境的，另一方面狄拉克开始相信他的方程比他聪明得多，它会自动显示一些人们没有想到的问题。

经典物理学中没有见到过负能量，并不意味着它就不存在；经典物理学中不可能发生的事情，很多都在微观世界里发生了。20世纪从一开始到 30 年代，不知道有多少原来认为不可能发生的事情，在爱因斯坦、玻尔、海森伯、德布罗意……的研究中，都被证明在微观世界里发生了，现在，狄拉克方程揭示出的带有负能量的电子，为什么就不可能是真的呢？

在量子力学里一般是遵从"不被禁戒的就是必须实现的"（Don't be forbidden is must be implemented）原则。

狄拉克是一位非常相信并且大力提倡"数学美"的物理学大师，他相信他的方程具有无可置疑的美，因此他没有回避负能量的存在，而是进一步研究如何解释负能量的物理意义。

1929 年 12 月 6 日，狄拉克第一篇关于负能粒子的论文《电子和质子的一个理论》（A Theory of Electrons and Protons）在《剑桥哲学年刊》上发表。在这篇文章中，狄拉克把负能解看成是不可缺少的两个解之一，而且这负能粒子可能就是人们已知的质子（proton），因为当时只有质子是带正电的。

狄拉克开始并没有胆量提出一种前所未知的新粒子存在，他只能把他的理论所要求的第一个带正电的反粒子看成是质子，这看来似乎是合理的。但是这种设想很快就暴露出一些严重的困难：如果氢原子里含有一个电子和一个质子，如果质子是反物质，那么它们会在几微秒之内自发地自我湮灭（annihilate）——但这种事并没有发生。

　　读者也许会产生疑问：为什么狄拉克不敢提出一个新的粒子？原因之一是，预言一个新粒子，与当时流行的自然哲学观点不相容。自然界如果只存在电子和质子（那时还没有发现中子），宇宙显得多么简单而又对称，多么和谐而美妙。增加一种新粒子，显然会破坏物理学家梦寐以求的宇宙的美学图景。狄拉克后来曾对人说过：

　　　　在那个时候，我恰好不敢假定一种新粒子，因为那时整个舆论是反对新粒子的。

在强大传统思想压力之下，狄拉克胆怯了。法国作家罗曼·罗兰说得好："人们只有在吃不明智的亏以后，才会变得聪明起来。"

　　后来，许多物理学家如美国的奥本海默、苏联物理学家塔姆（I. E. Tamm，1895—1971，1958 年诺贝尔物理学奖获得者）、德国数学家和理论物理学家的韦尔（Hermann Weyl，1885—1955）等人，都先后批评狄拉克，说如果按狄拉克用质子代替一种尚不为人知的

奥本海默（左）、狄拉克（中）和派斯（A. Pais）
正在谈论什么

新粒子，会给整个物理学理论带来灾难性后果。狄拉克思考了一段时间，终于在 1931 年 5 月勇敢地迈出了关键性的一步，撤回了他早先把负能粒子视为质子的观点，转而根据方程所要求大胆认为：

> （存在）一类新的基本粒子，这是实验物理学家至今还未发现的，它与电子有相同的质量和相反的电荷。

他把这个"新的基本粒子"称为"反电子"（anti-electron），它的质量、电量、自旋等一切属性都与电子完全一样，但却带有同量的正电荷。现在人们都称这个反电子为"正电子"（positron），我们此后一般也称之为正电子，虽然这个名称并不十分合适，因为按照字面应该译为"正子"，但也只能约定俗成随大流了。

正电子是人们发现的反物质（anti-matter）世界中的第一个反粒子（anti-particle）。有了正电子的存在，就可以合理地解释狄拉克方程中出现的四个分量。

从此，反物质世界慢慢向人们展示出那绚烂多彩、奇异怪骇的奥秘。

八、相互作用的统一
——杨－米尔斯场方程

杨－米尔斯场方程：

$$F_{\mu\nu}^{\ a}=\frac{\partial B_{\mu}^{\ a}}{\partial x_{\nu}}-\frac{\partial B_{\nu}^{\ a}}{\partial x_{\mu}}+gC_{abc}B_{\mu}^{\ b}B_{\nu}^{\ c},\ 拉格朗日\ \pounds=-\frac{1}{4}F_{\mu\nu}^{\ a}F_{\mu\nu}^{\ a}$$

（杨－米尔斯场方程中的符号太复杂，本书读者不必弄清楚它们，知道方程的数学形式即可。想弄清楚的读者可参阅本书作者写的《杨振宁传》[①] 的有关章节。）

杨振宁在一次演讲中曾经说：

> 我很幸运，很早就认识到，必须有一个数学原则或原理控制"力"的传播。同时我很早就对对称发生兴趣，两者合在一起就产生了非阿贝尔规范场理论（non-abelian gauge field theory）。此理论显然是一个重要的步骤，但还没有完全解决统一场论的最终目标。这个终极目标也是爱因斯坦晚年致力的目标，他试图建立囊括电磁学和广义相对论的统一场论，却未取得成功。

一般人都知道，杨振宁与李政道一起于 1957 年获得诺贝尔物

---

① 《杨振宁传》，杨建邺著，三联书店，2011 年。

理学奖，这次获奖是因为他们"对宇称定律的深入研究，它导致了有关亚原子粒子的重大发现"。但杨振宁更重要的研究，不是宇称定律的研究，而是1954年前后的有关"规范场理论"的研究。正是这一研究，人们不仅认为杨振宁应该获得第二次诺贝尔奖，而且应该给他更高的评价。

1993年，声誉卓著的"美利坚哲学学会"将该学会颁发的最高荣誉奖富兰克林奖章授予杨振宁，授奖原因是"杨振宁教授是自爱因斯坦和狄拉克之后20世纪物理学出类拔萃的设计师"，表彰杨振宁和李政道、米尔斯等人合作所取得的成就；并指出这些成就是"物理学中最重要的事件"，是"对物理学影响深远和奠基性的贡献"。

1994年，美国富兰克林学会将鲍威尔奖金（Bower Prize）颁发给杨振宁，文告中明确指出，这项奖授予杨振宁，是因为他"提出了一个广义的场论，这个理论综合了自然界的物理定律，为我们对宇宙中基本的力提供了一种理解。作为20世纪理性的杰作之一，这个理论解释了亚原子粒子的相互作用，深远地重新规划最近40年物理学和现代几何学的发展。这个理论模型，已经排列在牛顿、麦克斯韦和爱因斯坦的工作之列，并肯定会对未来几代人产生相类似的影响"。

上面提到的"一个广义的场论"和"这个理论模型"，指的就是杨振宁和罗伯特·米尔斯（Robert L. Mills，1927—1999）合作提出来的"非阿贝尔规范场理论"，现在大都简称为"规范场理论"，或者称为"杨－米尔斯理论"，该理论中重要的方程就是"杨－米尔斯场方程"。由鲍威尔奖的文告中我们可以清楚地看出，科学界在该理论提出近半个世纪后，终于认识到了它的终极价值。在科学界共识中，已经把杨振宁的贡献和物理学历史上最伟大的几位科学家牛顿、麦克斯韦和爱因斯坦的贡献相提并论。杨振宁在物理学史上的地位，由此可知，几乎到了登峰造极的地位。这是值得我们每一个华人自豪的。在鲍威尔奖的文告中还特别提到，杨振宁能取得如此伟大的成就，是因为他了解中国和西方世界的智慧，受过东方和西方两种教育。这种认识和评价，值得我们重视。

杨振宁这个划时代的研究，完成于1954年2月。这年，他和米尔斯在美国《物理评论》（*Physics Review*）上发表了此后著名的文章《同位旋守恒和一种广义规范不变性》（Isotopic Spin Conversation and a Generalized Gauge Invariance）以及《同位旋守恒和同位旋规范不变性》（Conversation of Isotopic Spin and Isotopic Gauge Invariance），这两篇文章为杨－米尔斯理论模型奠定了基础。

1. 守恒和不变性之间的关系：诺特定律

我们这儿首先对守恒和不变性之间的关系做一点解释。在高中物理课中，每一个中学生都要学到好几个守恒定律，如能量守恒定律、动量守恒定律、角动量守恒定律、电荷守恒定律，等等。物理学中的守恒定律远不止高中物理告诉我们的那几个，还有许多许多。物理学家对守恒定律有一种特殊的偏爱，因为守恒给了我们一种秩序，一种和谐。在一个一定的系统中，不论发了多么复杂的变化，如果有一个量（如能量、动量……）在变化中始终保持不变，那么这种变化就在表面的杂乱无章中，呈现出一种简单、和谐的关系，这不仅有审美上的价值，而且具有重要的方法论的意义。例如一个力学问题，高中学生都能体会到，如果用牛顿三定律来解决，有时得经过极繁杂的计算才能解出，但如果可以用守恒定律，那就可以避免中间转换过程繁复的计算，直截了当地取初态和终态的状况，迅速而简洁地解出所需的答案。每当这时，解题的中学生就会感到十分惬意和痛快。这就是守恒定律的微妙之处。在物理研究中，守恒定律的运用，也往往给物理学家带来意料不到的和巨大的愉快和成功。

守恒的普遍性和重要性，引起了物理学家们的深思：在守恒定律的背后，有没有更深刻的物理本质？到 19 世纪末，数学家和物理学家才终于认识到，某一物理量的守恒必然与某一种对称性相联系。杨振宁在 1957 年 12 月 11 日做的诺贝尔讲演中曾经详细谈到了这一关系。他指出：

一般说来，一个对称原理，或者，一个相应的不变性原理产生一个守恒定律。……这些守恒定律的重要性虽然早已得到人们的充分了解，但它们同对称定律间的密切关系似乎直到 20 世纪才被清楚地认识到。……狭义相对论和广义相对论的出现，使对称定律获得了新的重要性：它们与动力学定律之间有了更完整而且相互依存的关系，而在经典力学里，从逻辑上来说，对称定律仅仅是动力学定律的推论，动力学定律则仅仅偶然地具备一些对称性；并且在相对论里，对称定律的范畴也大大地丰富了。它包括了由日常经验看来绝不是显而易见的不变性，这些不变性的正确性是由复杂的实验推理出来或加以肯定的。我要强调，这样通过复杂实验发展起来的对称性，观念上既简单又美妙。对物理学家来说，这是一个巨大的鼓舞。……然而，直到量子力学发展起来以后，物理的语汇中才开始大量使用对称观念。描述物理系统状态的量子数常常就是表示这系统对称性的量。对称原理在量子力学中所起的作用如此之大，是无法不过分强调的。……当人们仔细考虑这过程中的优雅而完美的数学推理，并把它同复杂而意义深远的物理结论加以对照时，一种对于对称定律的威力的敬佩之情便会油然而生。

杨振宁的这段话言简意赅，但对于没有学习较多物理学知识的人来说，似乎有点抽象，不大容易懂。其实，在初高中物理中，有很多有关对称性方面的定律，只不过没有用"对称性"来描述罢了。例如，能量守恒定律与"时间平移对称性"相联系，即物理规律在 t 时刻成立，那么在另一时刻 t' 它也还是成立；与动量守恒相关的是"空间平移对称性"，即某一规律在中国的武汉成立，那么在美国的普林斯顿照样成立；角动量守恒则与"空间转动对称性"相联系，即物理规律不会因为空间转动而改变，在空间站绕地球转动时，物理规律不会发生改变。每一个守恒定律，都对应着一种对称性，在 20 世纪 30 年代以后，对物理学家来说，这已经是一种常识，而且还是一种极其有价值的理论和工具。人们可以利用已知的守恒定律，去寻求更深层次的对称性，发现宇宙间更深刻、更美妙的美和奥秘。

杨振宁何以很早就对对称性感兴趣？这是很多学习者好奇的地方。浙江大学数学教授蔡天新曾经就此事问过杨振宁。

> 蔡：2000 年，杨－米尔斯存在性和质量缺口假设成为纽约克莱数学研究所提出的"千禧年七大难题"之一，您和米尔斯的名字作为仅有的非数学家出现其中，这应该是让许多数学大家羡慕的事。您认为，您的数学直觉来源于遗传，还是其他方面的教育？……
>
> 杨：我想我欣赏数学的原因，一半是因为遗传，一半是有机会很早就接触到了数学。我曾经说过，我对群论的最初了解来源于我父亲，我在昆明时跟吴大猷先生和王竹溪先生做的学士和硕士论文分别是关于对称原理和统计力学，它们后来也成为我毕生的研究方向。

杨振宁在 1954 年完成的重要发现，基本上就是沿着这样一条思路前进的。

2. 布鲁克海文实验室"十分不同的"感受

时间到了 1952 年底。

据杨振宁自己说："1952—1953 年对我来说一事无成。"其原因是他同时对几个研究对象有兴趣，在它们之间"摇来摆去"，结果"我的努力并没有得到任何有用的成果"。"幸而，我仍然感到心安理得而信心十足，并未因一事无成而过分烦恼。"

1952 年 12 月中旬，杨振宁收到布鲁克海文实验室高能同步稳相加速器部主任柯林斯（G. B. Collins）的一封信，邀请他到他们实验室作一年的访问学者。后来不久，在第三届罗彻斯特会议（Rochester Conferences）上，杨振宁遇见了塞伯尔（Robert Serber，1909—1997），塞伯尔又把这个实验室的详细情形和与邀请有关的事情，详细地给杨振宁谈了一次，于是，杨振宁决定接受布鲁克海文实验室的邀请。1953 年夏天，杨振宁全家到了布鲁克海文。对此，杨振宁有很详细的回忆，这些回忆对了解他此后的研究极为重要。他写道：

> 1953 年夏，我搬到长岛上的布鲁克海文。这里有当时世界上最大的加速器（即 Cosmotron，其能量高达 3GeV）。它产生 π 介子和"奇异粒子"，在那里工作的各个实验小组不断获得非常有趣的结果。为了熟悉实验，我习惯于每隔几周便到各实验组去拜访一次。与在普林斯顿研究的物理学相比，感受是十分不同的。我认为，两种感受各有长处。
>
> 那年夏天，布鲁克海文来了许多访问学者，物理学的讨论、海边郊游、各种频繁的社交活动，好不热闹！随着秋天的到来，访问学者们纷纷离去，我和妻儿在实验室的一座由老兵营改建成的公寓里安顿下来，开始过一种宁静的生活（实验室就

是原来的老厄普顿兵营）。四周有树林围绕，我们常常在林中长时间地散步。周末，我们驱车去探索长岛各处。我们越来越喜欢蒙塔乌克点、大西洋海滩、野林子公园，以及布鲁克海文附近那些朴实的岛民。一个飘雪花的星期天，我们漫无目标地开车沿北岸驶去，来到一处迷人的小村庄。我们被购物中心周围那美丽的景致迷住了，便在地图上查找它的名字，原来它叫斯托尼·布鲁克（Stony Brook，意为石溪）。当时我们并不知道，下一次（1965 年）再到石溪来时，这里就成了我们的新家。

1953—1954 年，在布鲁克海文做了一系列关于多重介子产生的实验。克里斯汀（R. Christian）和我计算了各种多重态的相空间体积，我们很快就明白，必须使用计算机才行……

正是在布鲁克海文实验室那种"十分不同的"感受，唤起了潜伏在杨振宁心中多年的思考，激荡着他追寻一个暂时还不清晰的需求。杨振宁回忆说："随着越来越多介子被发现，以及对各种相互作用进行更深入的研究，我感到迫切需要一种在写出各类相互作用时大家都应遵循的原则。因此，在布鲁克海文我再一次回到把规范不变性推广出去的念头上来。"

3. 规范不变性和走火入魔

杨振宁这儿提到了"规范不变性"，涉及了比较多和比较深奥的物理、数学知识，此处不能涉及太深，只能简单地介绍一下。规范不变性，或称规范对称性，是一种局域的变换不变性［local transformation invariance，或称局域对称性（local symmetry）］，它与整体对称性（global symmetry）相对应。

举个例子，一个理想的球体（比如一个充满了气的气球），当这个球体绕通过中心的一根轴转动时，球面上任何一点，无论是靠近轴的点，还是在球面赤道上的点，转动的角度都完全相同。那么这种转动叫整体变换，球面上各点对于这种变换，就具有一种整体的对称性。整体对称性是一种简单的对称性，在这种变换下，不产生新的物理效应。而与整体对称性相对应的局域对称性，就复杂得多，它是一种更高级的、较为深刻的对称性。还是以刚才提到的球面为例，它要求球面上每一点都完全独立移动，而球面形状依然保持不变（见下图）。如果以气球作为例子，如果发生了局域变换，球面上有的地方会收缩，有的地方则会拉长，这也就是说，球面上各点之间会发生作用力（在这一特例中是弹性力）。

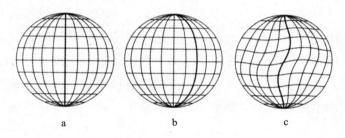

理想球体与整体对称性及局域对称性。
a. 最初的球面；b. 整体对称变换；c. 局域对称变换

类似地，不同的自然规律（如电磁场中诸规律）在局域变换下保持不变，也就是说具有某种"规范不变性"，往往要求引进一种基本力场。如果反过来，从规范对称出发，构造出一种基本力场的理论，这种理论就称为规范场理论。杨振宁就是沿着这一思路、这一方法建造起一个更一般的场理论。这方面的开创性工作是韦尔做的。

20世纪初，人们只认识到引力和电磁相互作用。爱因斯坦利用坐标不变性的处理得到了引力理论，德国数学家韦尔受到了启发，于1918年前后在研究与电荷守恒相关的局域对称性时，提出了一种新的不变性，即"定域标度变换不变性"（Masstab

德国数学家赫尔曼·韦尔

invariant）。"Masstab"的德文是"（地图上）的比例（尺）""尺度"和"标准"的意思，后来（在 1920 年）译成英文时，被译成"gauge invariance"，即"规范不变性"，下面我们就直接用这个术语。现在我们知道，这种不变性最准确的表达应该是"相因子（phase factor）变换不变性"。韦尔进一步证明，物理定律具有规范不变性，引力理论和电磁理论都具有这种不变性。韦尔的思想非常巧妙，他把对称性（即不变性）与场联系起来了。可惜韦尔的理论没有能够成功地将引力相互作用和电磁相互作用统一起来，而这才是韦尔研究的初衷。这一初衷是受爱因斯坦统一场论的影响而引起的，这一失败使得他和爱因斯坦深感失望。韦尔的失败起因于他没有应用量子理论，不明白规范不变性不是实数因子变换（尺度变换），而是一个复数相因子的变换。

米尔斯曾撰文说："1927 年，F. 伦敦指出，与电荷守恒相联系的对称性不是尺度不变性，而是相（因子）不变性，即量子论在波函数的复相的任意变换下的不变性，在其中从时空一点到另一点相因子能任意变动。"但韦尔在 1929 年正确地指出：物理理论的空间、时间平移不变性导致动量、能量守恒，而电磁场理论的规范不变性，则可导致电荷守恒。韦尔的思想对杨振宁有很大的吸引力，他曾在回忆中写道：

> 韦尔的理论已成为规范理论中的一组美妙的旋律。当我在做研究生，正在通过研读泡利的文章来学习场论时，韦尔的想法对我有很大的吸引力。当时我做了一系列不成功的努力，试图把规范理论从电磁学推广出去，这种努力最终导致我和米尔

斯在 1954 年合作发展了非阿贝尔规范理论。

1982 年，杨振宁更清楚地写道：

在昆明和芝加哥当研究生时，我详细研读过泡利关于场论的评论性文章。我对电荷守恒与一个理论在相位改变时的不变性有关这一观念有深刻的印象。后来我才发觉，这种观念最先是由韦尔提出来的。规范不变性决定了全部电磁相互作用这个事实本身，给我的印象更深。在芝加哥时，我曾试图把这种观念推广到同位旋相互作用上去……走入了困境，不得不罢手。然而，基本的动机仍然吸引着我，在随后几年里我不时回到这个问题上来，可每次都在同一个地方卡壳。当然，对每一个研究学问的人来说，都会有这种共同的经验：想法是好的，可是老是不成功。多数情况下，这种想法要么被放弃，要么被束诸高阁。但是，也有人坚持不懈，甚至走火入魔。有时，这种走火入魔会取得好的结果。

我们这儿稍做一点解释。杨振宁被韦尔美妙的理论吸引之后，就产生了一个诱人的、大胆的想法，即把韦尔主要从电荷守恒定律中发现和提出的规范不变性，推广到其他守恒定律中去。当时守恒定律很多，推广到哪一个守恒定律中去呢？杨振宁经过认真思考，认为同位旋（isospin）守恒与电荷守恒有相似之处，因为它们都反映了系统内部的对称性。因此，杨振宁首先试图将规范不变性推广到同位旋守恒定律中去，即将同位旋定域化，并研究由此而产生的一切结果。

这种想法具有极大的诱惑力，使杨振宁几乎"走火入魔"，虽累经失败，却一直不肯放弃。这种执着，这种走火入魔，后来真的"取得好的结果"了。

杨振宁接着回忆道："随着越来越多介子被发现，以及对各种相互作用进行更深入的研究，我感到迫切需要一种写出各类相互作用时大家都应遵循的原则。因此，在布鲁克海文我再一次回到把规范不变性推广出去的念头上来。"

这一次没有再在"同一个地方卡壳"，杨振宁和与他合用一个办公室的米尔斯合作，由于米尔斯的合作，他们写出了《同位旋守恒和一个推广的规范不变性》及《同位旋守恒和同位旋规范不变》两篇文章，并分别发表在《物理学评论》1954 年 95 和 96 卷上。在这两篇文章中，他们继麦克斯韦和爱因斯坦之后，提出了一种新的场论——非阿贝尔规范场理论，或称杨－米尔斯场论。从此，规范场的研究进入了一个崭新阶段。

杨－米尔斯理论中的方程称为"杨－米尔斯场方程"，其数学表达式为：

$$F_{\mu\nu}^{\ a}=\frac{\partial B_\mu^{\ a}}{\partial x_\nu}-\frac{\partial B_\nu^{\ a}}{\partial x_\mu}+gC_{abc}B_\mu^{\ b}B_\nu^{\ c}, \quad 拉格朗日 \ \pounds=-\frac{1}{4}F_{\mu\nu}^{\ a}F_{\mu\nu}^{\ a}$$

我们前面提到过，局域对称性对理论有更严格的条件。保持物理规律在整体变换时并不要求引入新的场，但那些对整体变换能保持不变的规律进行局域变换时，要保持不变就必须引入一个新的矢量场，这个场就称为非阿贝尔规范场，或称杨－米尔斯场。规范场的量

子——规范粒子——是一种新的粒子，场通过交换这种粒子便引起新的相互作。所以杨振宁常说：对称性支配相互作用（symmetry dictates interaction）。

我们前面引用过富兰克林学会的评价，它"深远地重新规划了最近 40 年

杨振宁与美国物理学家米尔斯

物理学和现代几何学的发展"，并且，"已经排列在牛顿、麦克斯韦和爱因斯坦的工作之列，并肯定会对未来几代人产生相类似的影响"。

派斯在他的《走进内部》（*Inward Bound*）一书中说："杨振宁和米尔斯在他们杰出的两篇文章里，奠定了现代规范理论的基础。"杨－米尔斯理论的重要价值，由此可见！

但前进的路上还存在着巨大的困难。

4. 友谊、困难和辉煌

在布鲁克海文，杨振宁与米尔斯的合作，有一段物理学史上值得人们反复回味的佳话。我们先看米尔斯的回忆：

> 在 1953—1954 年那一学年中，杨振宁在纽约市东面约 80 公里的长岛上的布鲁克海文国立实验室任访问学者。在那里，当时世界上最大的粒子加速器——2-3GeV 的科斯莫加速器正开始产生大量人们所不熟悉的新粒子，它们在随后的岁月中改变了物理学的面貌。我当时接受了一个博士后工作，也在布鲁克海文，并与杨振宁在同一个办公室工作。杨振宁当时已在许多场合中表现出了他对刚开始物理学家生涯的青年人的慷慨。他告诉我关于推广规范不变性的思想，而且我们较详细地做了讨论。我当时已有了有关量子电动力学的一些基础，所以在讨论中能有所贡献，而且在计算它的表达形式方面也有小小的贡献，但是一些关键性的思想都是属于杨振宁的……

1984 年 12 月，在庆祝杨－米尔斯场发表 30 周年纪念会上，米尔斯又一次动情地讲道："30 年前，杨振宁已是一位教师，而我还是一名研究生，那时我和他同在一个办公室，我们经常讨论问题。杨振宁是一个才华横溢，又是一个非常慷慨引导别人的学者。我们不仅共用了一个办公室，杨振宁还让我共用了他的思想……"

杨振宁从中学到大学，一直都十分体恤地帮助父母亲、弟妹和同学，并备受人们称赞。因此米尔斯感激杨振宁对他的帮助和提携，是十分可信的。在中国"文化大革命"结束以后，他更是不遗余力地、热情地帮助中国学者和学生赴美访问、进修，多少学者不为之动容？

杨振宁和米尔斯的合作文章发表后，由于他们的理论模型是从一个非常深刻的物理观点出发，加上又有一个非常严格、完美的数学形式，因而引起了一些物理学家的兴趣。但是，这一理论在规范场粒子的质量为零，以及理论计算的重整化方面碰到了巨大困难，因而科学界普遍的反应是：这是一美丽动人的数学结构，但并没有物理学的价值。

奥地利物理学家泡利

其实，在杨－米尔斯理论提出的前一年，即1953年，奥地利著名物理学家泡利也做过与杨振宁几乎相同的尝试，但半途而废。在1935年7月21—25日，泡利写了一篇题为《介子核子相互作用与微分几何》的手稿，在这份手稿里，泡利指出，局域同位旋规范不变性要求引进一套新东西。泡利有了重要的新思想，但他没有得出与之相关的动力学场方程。到这年的年底，泡利的热情开始减退，因为他遇到了与杨振宁相似的困难。12月6日，他给派斯的信中写道："如果谁要尝试构造场方程，……谁就总会得出零静止质量的矢量介子。"

与此同时，杨振宁和米尔斯独立地研究了同样的问题，虽然他们遇到了泡利也遇到的同样的困难，但他们写出了泡利没敢写出的场方程。1954 年 2 月，杨振宁在当时普林斯顿高级研究所所长奥本海默的邀请下，在一次讨论班上报告了他们的成果和遇到的困难。泡利也坐在听众席上，他当然深知其中的困难，因此当场向杨振宁提出了让杨振宁几乎下不了台的严厉和否定性的批评。这个场面十分有趣，近 30 年之后的 1982 年，杨振宁曾在回忆中做了清楚的描述，他写道：

我们的工作没有多久就在 1954 年 2 月份完成了。但是我们发现，我们不能对规范粒子的质量下结论。我们用量纲分析做了一些简单的论证，对于一个纯规范场，理论中没有一个量带有质量量纲。因此规范粒子必须是无质量的，但是我们拒绝了这种推理方式。

在 2 月下旬，奥本海默请我回普林斯顿几天去做一个关于我们工作的报告。泡利那一年恰好在普林斯顿访问，他对对称和相互作用问题很感兴趣（他曾用德文粗略地写下了某种想法的概要，寄给 A. 派斯）。……第一天讲学，我刚在黑板上写下：

$$(\partial_\mu - i \in B_\mu) \Psi$$

泡利就问道："这个场 B_μ 的质量是什么？"我回答说，我们不知道，然后我重新接着讲下去。但很快泡利又问同样的问题。我大概说了"这个问题很复杂，我们研究过，但是没有得到确定的结论"之类的话。我还记得他很快就接过话题说："这不是一个充分的托词。"我有一点吃惊，几分钟

奥本海默

的犹豫之后，我决定坐下来。大家都觉得很尴尬。后来，还是奥本海默打破窘境，说："好了，让弗兰克接着讲下去吧。"这样，我才又接着讲下去。

此后，泡利不再提任何问题了。

杨振宁不记得报告结束以后发生过什么，但在第二天他收到了下面一张便条："亲爱的杨：很抱歉，听了你的报告之后，我几乎无法再跟你谈些什么。祝好。诚挚的泡利 2月24日。"

后来，杨振宁和米尔斯在做了一些其他研究之后，又返回来研究规范场。但他们的尝试还是没有成功，因为计算太复杂了。这儿也许会出现一个问题：一个不成熟，还有一些重要问题没有解决的理论模型，到底应不应该发表呢？像泡利那样放到以后有转机再说？对此，杨振宁也做了深刻的思考。他写道：

> 我们究竟应不应该发表一篇论述规范场的论文？在我们心目中，这从来不成其为一个真正的问题。我们的想法是漂亮的，应该发表出来。但是规范粒子的质量如何？我们拿不准。只有一点是肯定的：失败的经验告诉我们，非阿贝尔情形比电磁学更错综复杂得多。我们倾于相信，从物理学的观点看来，带电规范粒子不可能没有质量。虽然没有直说出来，但在论文（54c）的最后一节表明了我们倾向于这种观点。这一节比前面几节难写。
>
> 泡利是第一个对我们的文章表示了浓厚兴趣的物理学家。这不奇怪，因为他熟悉薛定谔的论文，而且他本人曾经试图把相互作用同几何学联系起来……我经常纳闷，如果泡利能活到60年代乃至70年代，他对此论题究竟会说些什么。

杨振宁之所以能够大胆地将他们的理论模型公之于世，显然不只是认为这个理论的数学结构很美这一单方面的原因，更深层次的原因还是一种深刻的科学思想在支撑着他，那就是"对称性支配相互作用"。这种思想在爱因斯坦的理论中有清晰的表现，杨振宁可以说是最深刻领悟了这一思想的人。1979 年，杨振宁在《几何与物理》一文中指出：

> 爱因斯坦所作的一个特别重要的结论是对称性起了非常重要的作用，在 1905 年以前，方程是从实验中得到的，而对称性是从方程中得到的，于是——爱因斯坦说——闵可夫斯基（Minkowski）做了一个重要的贡献。他把事情翻转过来，首先是对称性，然后寻找与此对称性一致的方程。
>
> 这种思想在爱因斯坦的头脑中起着深刻的作用，从 1908 年起，他就想通过扩大对称性的范围来发展这一思想。他想引进广义坐标对称性，而这一点是他创造广义相对论的推动力之一。

在《美和理论物理学》中，杨振宁再次指出："这是一个如此令人难忘的发展，爱因斯坦决定将正常的模式颠倒过来。首先从一个大的对称性出发，然后再问为了保持这样的对称性可以导出什么样的方程来。20 世纪物理学的第二次革命就是这样发生的。"

正是在这种深刻的科学思想引导下，杨振宁才勇敢地把他的规范对称理论公之于世，并在日后把这种科学思想提升为更简洁的表述："对称性支配相互作用。"

但在 1952 年，这个理论还很不完善，还缺少其他一些机制来约束它，因而呈现出令人困惑的难题。例如，如果为了使规范场理论满足规范不变性的要求，规范粒子的质量一定要是零，但是相互作用的距离反比于传递粒子的质量，零质量显然意味着杨－米尔斯场的相互作用应该像电磁场和引力场那样，是长程相互作用。但是，既是长程相互作用，又为什么没有在任何实验中显示出来？而且更加严重的是，这个质量如果真有，它还会破坏规范对称的局域对称性。

由于这些以及其他一些原因，杨－米尔斯场论在提出来以后十多年时间里，一直被人们认为是一个有趣的但本质上没有什么实际用途的"理论珍品"。当时物理学家还没有认识到，正是这个规范粒子的质量问题，在呼唤着新的物理学思想。

5. 希格斯和对称性自发破缺

在 20 世纪 60 年代初，物理学家们由超导理论的发展中认识到一种重要的对称破缺方式，即"自发对称破缺"①。1965 年，苏格兰物理学家彼得·希格斯（P. W. Higgs，2013 年获得诺贝尔物理学奖）在研究区域对称性自发破缺时，发现杨－米尔斯场规范粒子可以在自发对称破缺时获得质量。这种获得质量的机制被称为"希格斯机制"②。

---

① 自发对称破缺是原来具有较高对称性的系统出现不对称因素，导致其不对称因素降低，这种现象叫作对称性自发破缺。1974 年有一位物理学家曾引用法国哲学家布里丹（Jean Buridan, 1295—1358）驴子的故事说："驴子处于两个食槽之间，它拿不定主意到哪个槽吃草，驴子拿不定主意就是对称性。使驴子做出选择需要外界偶然因素的影响。驴子的任何自动选择，都使对称性自发破缺。"自发破缺后，驴子获得了食物；如果不破缺，就会像布里丹说的那样，驴子会饿死。在希格斯理论中影响驴子选择的就是"希格斯场"。

② 现在物理学家已经开始用"布劳特－昂格勒－希格斯机制"（Brout-Englert-Higgs mechanism）代替使用了 48 年的"希格斯机制"这一专用术语。这是因为温伯格的失误，他把本应在 1964 年 8 月 31 日第一个提出这一机制的美裔比利时物理学家布劳特（Robert Brout, 1928—2011）和比利时物理学家昂格勒（Françcis Englert, 1932— ，2013 年获得诺贝尔物理学奖），误以为是同年 9 月 15 日提出同一理论的希格斯（Peter W. Higgs, 1929— ，与昂格勒分享 2013 年诺贝尔物理学奖）是第一个提出这一机制的人。温伯格 2012 年正式澄清这一事实前，人们一直把这一机制称为"希格斯机制"。可惜布劳特在 2011 年 5 月 3 日去世，未能与昂格勒和希格斯一起分享 2013 年的诺贝尔物理学奖。

有了这一重要进展，人们开始尝试用杨－米尔斯场来统一弱相互作用和电磁相互作用。1967 年，在美国物理学家格拉肖（Sheldon Glashow，1932— ）、温伯格（Steven Weinberg，1933— ）和巴基斯坦物理学家萨拉姆（Abdus Salam，1926— ）的共同努力下，建立在规范场理论之上的弱电统一理论的基本框架终于建立起来了！到 1972 年，物理学家们又证实杨－米尔斯场是可以重整化的。这样，杨振宁的规范场论就成了一个自洽的理论，规范场理论的最后一个障碍也终于被克服了。

提出夸克模型的美国物理学家盖尔曼

1973 年，欧洲粒子研究中心（CERN）的实验室宣布，他们的实验间接地证明了格拉肖－温柏格－萨拉姆（GWS）弱电统一理论预言的规范场粒子中的一个粒子 Z^0。GWS 理论预言了三个规范粒子 W^+、W^- 和 Z^0，现在 Z^0 已经被 "间接" 证明的确存在。但是有意思的是，在这种 GWS 理论并没完全被确证的情形下，1979 年，瑞典诺贝尔奖评选委员会将这一年的诺贝尔物理学奖授予了萨拉姆、温伯格和格拉肖三位物理学家，原因是 "对基本粒子之间的弱相互作用和电磁相互作用的统一理论的贡献"。这可以说是规范场理论在发展过程中第一次获诺贝尔物理学奖。

以前，这个委员会只把奖金授予被实验证实了的理论，但这一次 GWS 理论并没有完全被实验证实，就被急忙授予诺贝尔奖，因此格拉肖在获奖后幽默地说："诺贝尔奖委员会是在搞赌博。"不过，当时绝大部分物理学家已经确信：找到 W^+、W^- 和 Z^0 粒子只是一个时间的问题。这充分说明，完美的理论会给人们以多么充分的信心。

果然，到 1983 年上半年，CERN 宣布三种粒子都找到了。至此，建立在杨－米尔斯理论基础上的弱电统一理论，终于被公认是真实反映自然界相互作用本质的理论，被认为是 20 世纪重大成就之一：人们向爱因斯坦梦寐以求的"统一场论"前进了巨大的一步。接下去，人们自然会想到，既然利用规范场理论统一了两种表面上截然不同的相互作用，那么杨振宁的规范场理论也很有可能把强相互作用统一进去，这种设想中的统一理论称为"大统一理论"（grand unified theory，GUT）。

现在，建立在规范场基础上的理论"量子色动力学"（quantum chromodynamics dynamics，QCD），是描述夸克之间强相互作用的理论，它也获得了大量实验的支持。在强相互作用这一理论中，最引人注目的是关于夸克幽闭（quark confinement）的解释。这一解释也是建立在规范场理论基础上的。米尔斯在 20 世纪 80 年代说得很正确："如果最终的（大统一）理论被真正确认的话，那么一定会证明它是一个规范理论。这一点现在看来几乎是无可怀疑的了。"

1985 年在纪念韦尔诞生 100 周年大会上，杨振宁说：

杨振宁在普林斯顿的
办公室里（1963 年）

由于理论和实践的进展，人们现在已清楚地认识到，对称性、李群和规范不变性在确定物理世界中基本力时起着决定性的作用。

与杨振宁共事 20 多年的聂华桐教授在 1984 年曾指出："1954 年杨－米尔斯场刚提出时，并未被承认为物理，而被看成是一个数学结构，是一个对物理可能有用的数学结构。到 1972 年，这个非常简单而又非常漂亮的数学结构被正式承认是物理的一个基本结构了，并最后奠定了弱相互作用的基础。"

我们现在已经可以清楚看出，麦克斯韦的电磁方程决定了电磁相互作用，爱因斯坦广义相对论方程决定了引力相互作用，现在，杨－米尔斯场方程又决定了弱相互作用和强相互作用，无论麦克斯韦的理论还是爱因斯坦的理论，都是规范场理论，这一切都是通过杨振宁和米尔斯的成就才最终了解的。因此，人们已经公认，杨－米尔斯理论是继麦克斯韦电磁理论、爱因斯坦引力理论之后最重要、最基本的理论。这是杨振宁在物理学领域里做出的最高成就。正因为这一贡献，杨振宁在 20 世纪即将过去的时候，连获富兰克林奖章和鲍威尔奖，也同样是这一原因，不少著名的物理学家认为，杨振宁完全有资格再一次获得诺贝尔物理学奖。

理论已经具备，剩下的事就是找到理论预言的粒子，人们把这最后一个粒子命名为"上帝粒子"（God particle）。1994 年以后，寻找上帝粒子的希望，都寄托在日内瓦的欧洲粒子研究中心的"大型强子对撞机"（Large Hadron Coolider，LHC）上。

2008 年 9 月 10 日，LHC 准备就绪，可以开始工作。LHC 项目负责人林登·伊文斯（Lyndon Evans）发表声明说："这是一个梦幻般的时刻，我们现在可以期待，一个理解宇宙起源与演化的新时代即将来到。"

9 月 10 日上午 10 点 28 分，LHC 正式启动。巴戈特在他写的《希格斯》一书里特意记下了这具有历史意义的一刻：

　　LHC 在当天上午的 10 点 28 分启动。当一道闪光出现在监控器上，这就意味着已经把高速质子全程控制在了对撞机的 27 千米长的圆环中，其运行温度只比绝对零度高 2 度。物理学家挤满了狭小的控制室，欢呼雀跃起来。虽然不足以引人注目（而且对于电视观众而言有点令人扫兴，估计有 10 亿人观看了这一瞬间），但是这一历史时刻代表了大批物理学家、设计师、工程师和建筑工人 20 年来的不懈努力达到了顶峰。

不幸的是，这一次出师不利。当天下午 3 点，科学家把一束质子流输入对撞机的圆环，不久就出现反常的状况。9 天之后，在两块超导磁铁之间总线连接处发生了短路，产生的电弧把氦容器外壳击穿，形成一个小洞，并发生爆炸，53 块超导磁铁烧毁，造成氦气泄漏，质子管道也受到严重烟尘污染！

这一事故在外界造成很大的影响，有媒体还报道说："上帝粒子被上帝藏起来了，上帝不想让科学家找到最后的秘密。"爱因斯坦曾经说："上帝是微妙的，但他没有恶意。"（Subtle is the Lord, but malicious He is not.）现在看来上帝还是有一些担心把最后的秘密让人类得知。

好在科学家还是相信爱因斯坦的箴言，上帝不会刻意阻止人类探寻大自然的奥秘。面对突发事故，实验物理学家断定冬季维修没有希望，重新开机的时间只能等到来年（2009 年）的春天。

创造历史的时刻终于来临：2012 年 7 月 4 日，CERN 的两个合作组向全世界宣布，他们终于发现一个酷似希格斯粒子的新粒子。这个新的希格斯粒子的质量处于 125—126GeV 之间，并且恰好以人们预期的希格斯粒子应该具有的方式与其他标准模型粒子发生相互作用。

这一消息立即引起全世界媒体的高度关注，一时"上帝粒子找到了！"的消息传遍全球。看来上帝确实微妙，但是只要发动全球科学家的智慧，并坚持不懈地努力，上帝还是会放心地把秘密交给人类。这正是中国古语所说："集力之所举，无不胜也；而众智之所为，无不成也。"

但是物理学家还是非常谨慎，唯恐把话说过了头不好收尾。CERN 的新闻评论谨慎地报道：

对新粒子的特性做明确的鉴别将花费很长的时间和很多的数据。但不论希格斯粒子呈现出何种形式，我们对物质基本结构的认识都会前进一大步。

希格斯本人在知道这一成功消息之后，对 LHC 的成就表示衷心的祝贺，还说："这一切发生在我的有生之年，真是令人难以置信！"

经过整整一年仔细的研究和判别，最终物理学界一致认为，希格斯粒子的确被找到了！2013 年 10 月，瑞典诺贝尔奖委员会宣布，2013 年诺贝尔物理学奖给予昂格勒和希格斯，获奖原因是：

在他们提出的理论中发现了一种机制，有助于我们理解亚原子粒子质量的起源，最近 CERN 大型强子对撞机 ATLAS 和 CMS[①] 实验组确认了这一预言中的基本粒子。

上帝与物理学家之间的这场游戏在此告一段落。杨－米尔斯场方程终于被实验最后证实。从这一方程的提出和发展经历来看，杨振宁和米尔斯两人开始都没有意识到这个方程居然有后续的那么多重大事件的出现，也没有料到他们所认为美丽的方程还真有一个"上帝粒子"，促使实验物理学家费了那么多的精力去寻找它，并且由此给粒子物理学在理论上和实验上都带来一个伟大的跃进！

这一点连温伯格都注意到了。温伯格在《真与美的追求者：狄拉克》一文中写道："狄拉克……终于在 1928 年初提出了著名的狄拉克方程。……著名理论物理学家杨振宁曾这样评述：'到

---

① ATLAS 和 CMS 是 CERN 的 LHC 的两个合作组。ATLAS 是 LHC 属下一个"螺旋管型仪器"的字头缩写（A Toroidal LHC Apparatus）；CMS 是"致密 μ 子螺线管"的字头缩写（Compact Muon Solenoid）。

1928 年他写出了狄拉克方程式。对他的工作最好的描述是"神来之笔"。'"

温伯格提到的杨振宁的评述，是杨振宁 1986 年在中国科学技术大学研究生院做"几位物理学家的故事"演讲时说的。杨振宁当时是这样说的：

> 狄拉克的物理学有他非常特殊的风格。他把量子力学整个的结构统统记在心中，而后用了简单、清楚的逻辑推理，经过他的讨论之后，你就觉得非这样不可。到 1928 年他写出了狄拉克方程式。对他的工作最好的描述是"神来之笔"。

温伯格还提到："著名物理学家杨振宁曾在《美和理论物理学》一文中……将爱因斯坦和狄拉克相提并论……"

杨振宁这篇重要的文章是 1982 年写的。写到狄拉克时他这样写道：

> 狄拉克在 1963 年的《科学美国人》中写道："使一个方程具有美感比使它去符合实验更重要。"狄拉克是健在的最伟大的物理学家。（狄拉克于 1984 年去世。杨振宁在写这篇文章的时候狄拉克还没有去世。——本书作者注）他有感知美的奇异本领，没有人能及得上他。今天，对许多物理学家来说，狄拉克的话包含有伟大的真理。令人惊讶的是，有时候，如果你遵循你的本能提供的通向美的向导前进，你会获得深刻的真理，即使这种真理与实验是相矛盾的。狄拉克本人就是沿着这条路得到了关于反物质的理论。
>
> ……对爱因斯坦和狄拉克来说，这种强调并不奇怪，如果你注意一下他们研究物理学的风格，美始终是一个指导原则。

1997年，杨振宁还在另一篇文章《美与物理学》中，用最美丽的词汇赞美狄拉克：

　　20世纪的物理学家中，风格最独特的就数狄拉克了。我曾想把他的文章的风格写下来给我的文、史、艺术方面的朋友们看，始终不知如何下笔。去年偶然在香港《大公报》大公园一栏上看到一篇文章，其中引了高适在《答侯少府》中的诗句：

　　性灵出万象，风骨超常伦。

　　我非常高兴，觉得用这两句诗来描述狄拉克方程和反粒子理论是再好没有了：一方面狄拉克方程确实包罗万象，而用"出"字描述狄拉克的灵感尤为传神。另一方面，他于1928年以后四年间不顾玻尔、海森伯、泡利等当时的大物理学家的冷嘲热讽，始终坚持他的理论，而最后得到全胜，正合"风骨超常伦"。

杨振宁可以说是狄拉克之后，最重视物理学之美的一位伟大的物理学家，而杨－米尔斯场方程则是这种观点最具体的体现。当泡利这位"上帝的鞭子"想抽到杨振宁的身上的时候，杨振宁没有受到丝毫伤害，反而更加勇敢地公布了他们发现的并不完整的、亟待继续研究的方程式，这一段历史实在值得我们仔细研究！

九、数学与物理的分与合
——方程式何以比物理学家聪明?

谈到规范场和数学里的纤维丛之间关系的发现,不仅故事令人惊诧、曲折有趣,而且还让杨振宁悟出了一个极其重要的事实——数学与物理学的关系,并且就这个主题写了一篇文章《20 世纪数学与物理学的分与合》。

事情发生在 1969 年,那时杨振宁在纽约州立大学石溪分校。有一天在上课讲广义相对论的时候,他在黑板上写下了广义相对论里著名的黎曼张量公式。当时杨振宁忽然有一种突如其来的直觉:这个公式有一些像他和米尔斯发现的规范场理论中的一个公式。当时不能仔细思考,下课以后他把两个公式写到一起:

规范场理论中的一个公式:

$$F_{\mu\nu}^{\ a}=\frac{\partial B_{\mu}^{\ a}}{\partial x_{\nu}}-\frac{\partial B_{\nu}^{\ a}}{\partial x_{\mu}}+gC_{abc}B_{\mu}^{\ b}B_{\nu}^{\ c}, \text{拉格朗日} \quad \pounds=-\frac{1}{4}F_{\mu\nu}^{\ a}F_{\mu\nu}^{\ a} \qquad (1)$$

广义相对论中的黎曼张量公式:

$$R_{ijk}^{i}=\frac{\partial}{\partial x^{j}}\begin{Bmatrix}l\\ik\end{Bmatrix}-\frac{\partial}{\partial x^{k}}\begin{Bmatrix}l\\ij\end{Bmatrix}+\begin{Bmatrix}m\\ik\end{Bmatrix}\begin{Bmatrix}l\\mj\end{Bmatrix}-\begin{Bmatrix}m\\ij\end{Bmatrix}\begin{Bmatrix}l\\mk\end{Bmatrix} \qquad (2)$$

仔细比较以后,杨振宁发现这两个公式不仅仅是相像,而且结构完全相同! 杨振宁大吃一惊: "原来规范场理论与广义相对论的数学结构如此相似!"他的直觉告诉他,这里面一定大有文章。他在《我钦佩数学的美的力量——〈规范场的积分形式〉》(1974)

一文之后记》中写道:

> 这两个公式之所以相似,皆因式(2)是式(1)的一个特例! 理解到这一点,我喜不自胜,得意忘形之状实难用笔墨形容。我因而明白了,从数学的观点看来,规范场在根本意义上是一种几何的概念。我也搞清楚了,上述公式(1)与薛定谔1932年论文中的公式之间的相似性(泡利在1954年已觉察到这一点)不是偶然的巧合。

而杨振宁和米尔斯1954年在研究规范场理论的时候,他们两人虽然推广了麦克斯韦理论,却没有明白麦克斯韦理论的几何意义,因此就没有从几何观点来审视规范场理论。杨振宁说:

> 这个发现使我震惊……我立刻到楼下数学系去找系主任吉姆·赛蒙斯。他是我的好朋友,可是那以前我们从来没有讨论过数学。那天他告诉我,不稀奇,二者都是不同的"纤维丛",那是20世纪40年代以来数学界的热门新发展!

吉姆·赛蒙斯(Jim Simons,1938—)还告诉杨振宁:"规范场一定同纤维丛上的联络(connection on fibre bundles)有关系。"杨振宁大受启发,立即开始学习纤维丛这一新的数学理论,他找来美国数学家斯廷罗德(Norman Earl Steenrod,1910—1971)的《纤维丛的拓扑》(*The Topology of Fibre Bundles*)一类的书来看,但是看不懂,杨振宁说:"我……什么也没有学到。对一个物理学家来说,现代数学语言显得太冷漠了。"

虽然"什么也没有学到",但是杨振宁明白了:研究场论的物理学家必须学习纤维丛的数学理论,这一点越来越清楚。因此,在1970年初杨振宁请赛蒙斯教授到物理系为包括他在内的几位物理学家，在一系列的"午餐报告"中，专门讲授纤维丛理论。讲了两个星期以后，杨振宁这才弄清楚了物理学的规范场正是微分流形纤维丛上的联络。他后来感叹地说：

> 客观宇宙的奥秘与基于纯粹逻辑和追求优美而发展起来的数学概念竟然完全吻合，那真是令人悚然。

杨振宁永远不会忘记赛蒙斯给他的帮助，所以在 1999 年荣休晚宴上还特别提到这件事情：

> 对在座各位，我与你们几乎每一个人都有非常愉快的共同回忆，特别是吉姆·赛蒙斯。他既然提到了我对他是怎么慷慨，我也要告诉大家他对我又是如何慷慨。他不仅最先把"纤维丛上的联络"这一专门术语介绍给我，而且他所做的比介绍这名词要多得多了。1970 年年初我们在理论物理研究所的同事都认为应该弄懂"纤维丛上的联络"这个数学观念，所以请了吉姆来给我们上一系列的午餐讨论课。他慷慨地答应了，从此牺牲了大概两个星期的午餐时间给我们。讨论会结束时，我们全学会了那个观念是什么，它跟 A-B 效应[①]的关系又是如何。而那也就是后来我与吴大峻合写的论文的来源。这篇论文包括了这次会议中屡次提到的那个字典。

1974 年和 1975 年，杨振宁在《规范场的积分形式》和《不可积相位因子的概念和规范场的整体表示》（与吴大峻合写）两文中，进一步发展了规范场的整体表述。在 1974 年的文章中，

---

① A-B 效应为阿哈罗诺夫－玻姆效应（Aharonov-Bohm effect）的简称。这一效应说明在量子力学里，电磁势（electromagnetic potentials）是一个比电场和磁场更基本的物理量。

杨振宁与赛蒙斯夫妇（右3、4）的合影。这座楼是赛蒙斯捐助的。赛蒙斯提出，这座楼一定要冠以"陈"，以纪念他与陈省身的一次重要的合作

杨振宁还没有理解在规范场理论中必须要做整体考虑（global consideration），到 1975 年与吴大峻合作的文章中，他才明白了规范场具有整体性的几何内涵，这种内涵可以自然而然地用纤维丛表示。因此，这个内涵不能与物理学家的整体相位因子混为一谈，必须把非阿贝尔规范场理论建立在严格的数学基础上。由此人们才知道，规范场理论的数学结构就是拓扑学纤维丛理论。这种数学和物理学有历史意义的结合，使得从大范围、整体和拓扑的视野来研究物理现象，已经成为 20 世纪 80 年代的潮流。在物理学和数学史上，这是一次伟大的事件! 对此，杨振宁曾经写道：

　　学到了纤维丛的数学意义以后，我们知道它是很广很美的理论，而电磁学中的许多物理概念原来都与纤维丛理论有关联。于是 1975 年吴大峻和我合作写了一篇文章，用物理学的语言，解释电磁学与数学家们的纤维丛理论关系。文章中我们列出了一个表，是一个"字典"。表中左边是电磁学（即规范场理论）

名词，右边是对应的纤维丛理论的名词：

规范场术语	纤维丛术语
规范或整体规范	主坐标丛
规范类	主纤维丛
规范势	主纤维丛上的联络
S	变换函数
相因子	平行移动
场强	曲率
源（电）	?
电磁作用	U（1）丛上的联络
同位旋规范场	SU（2）丛上的联络
狄拉克的磁单极量子化	按照第一陈类将 U（1）丛分类
无磁单极的电磁作用	平凡 U（1）丛上的联络
有磁单极的电磁作用	非平凡 U（1）丛上的联络

　　表格中的"源"的右边没有对应术语，赛蒙斯说，这是因为在纤维丛理论里没有"源"这个概念，所以出现了一个问号。有意思的是，正是这个问号又引出一段故事。这个故事的起因是美国麻省理工学院的数学家伊萨多·辛格（Isadore Singer，1924—　）来纽约州立大学石溪分校访问，杨振宁和他谈了规范场里的"源"在纤维丛理论里没有对应项的事。辛格随后去英国牛津大学，他把杨振宁和吴大峻合写的文章带去，给英国著名数学家迈克尔·阿蒂亚（Michael Atiyah，1929—　，1966 年获得菲尔兹奖）[1]和牛津大学数学教授奈杰尔·希钦（Nigel Hitchin，1946—　）看，后来他

---

[1]　阿蒂亚曾任英国伦敦数学学会主席、英国皇家学会会长，并被英国女王册封为爵士，是当今世界上屈指可数的顶尖数学家之一。

们合写了一篇关于无"源"的文章。

阿蒂亚与辛格、希钦 1978 年合写的这篇文章的标题是《四维黎曼几何中的自对偶性》（The Duality Theorem of Four Dimensional Riemannian Geometry）。这篇文章还没有发表，它的预印本在 1977 年 5 月前后就在业内广泛传开了。1963 年，阿蒂亚和辛格证明了"指标定理"（Index Theorem），这一定理被认为是 20 世纪数学最重要的成就之一，它把微分方程、微分几何、代数几何和拓扑学等几个不同的数学分支中的一些"经典不变量"联系起来，因而对整个现代数学的发展产生了深远的影响；在 1978 年的文章里，阿蒂亚和辛格把指标定理用于杨 - 米尔斯方程，结果竟然得到了该方程的自对偶解。因为他们三人，尤其是阿蒂亚在数学界的名望，规范场与纤维丛的密切关系很快即被数学界人士重视。1977 年阿蒂亚出版了一本专题文集《杨 - 米尔斯场的几何学》（*Geometry of Yang Mills Fields*），由此更加引起众多数学家对规范场的重视。诚如杨振宁所说：

> 阿蒂亚和辛格是当代数学大师，他们建立的指标定理，沟通了几何学与分析学的联系，是当代数学发展的一个里程碑。恰巧指标定理可用于杨 - 米尔斯方程的自对偶解个数的确定，这一结果及其他数学成就对物理学研究当然有很多帮助。

而且，由于这一系列的研究，还迎来了以后物理学与数学重新合作的高潮。阿蒂亚后来在他的《论文选集》第五卷用"规范场理论"作为标题。在这一卷的前言中，他写道：

> 从 1977 年开始，我的兴趣转向规范场理论以及几何学和物理学间的关系。一直以来，我对理论物理的兴趣不大，大多数的冲击都是来自跟麦凯（Mackey）的冗长讨论。1977 年的

动因来自两方面：一是辛格告诉我，由于杨振宁的影响，杨－米尔斯方程刚刚开始向数学界渗透。当他在 1977 年初访问牛津时，辛格、希钦和我周密地考察了杨－米尔斯方程的自对偶性，我们发现简单应用指标定理，就可得出关于"瞬子"（instanton）参数个数的公式……另一个动因则来自彭罗斯（Roger Penrose）和他的小组。

这本书出版以后，阿蒂亚签名送给杨振宁一本，以表示对杨振宁的尊敬和钦佩。

我国数学史家张奠宙先生在他的《20 世纪数学经纬》一书中，专门列出一节"杨振宁与当代数学"，在这一节里他写道：

> 杨振宁－辛格－阿蒂亚，这条物理学影响数学的历史通道，肯定是 20 世纪科学史上的一段佳话。关于杨－米尔斯理论在当代数学中的作用，在美国国家科学研究委员会数学科学组的一份报告里这样写道："杨－米尔斯方程的自对偶解具有像柯西－黎曼方程（Cauchy-Riemann equations）的解那样的基本重要性。它对代数、几何、拓扑、分析都将是重要的……在任何情况下，杨－米尔斯理论都是现代理论物理学和核心数学的所有子学科间紧密联系的漂亮的范例，杨－米尔斯理论乃是吸引未来越来越多数学家的一门年轻的学科。"

对于数学和物理学的这种沟通、结合，连杨振宁都觉得实在太神奇和不可思议。他说：

> 非阿贝尔规范场在概念上等同于纤维丛，纤维丛这一漂亮的理论是在与物理学界无关的情况下由数学家发展起来的，这对我来说是十分令人惊叹的事。在 1975 年我与陈省身讨论

我的感觉时，我说："这真是令人震惊和迷惑不解，因为不知道你们数学家从什么地方凭空想象出这些概念。"他立刻抗议："不，不，这些概念不是凭空想象出来的，它们是自然而真实的。"

后来陈省身教授有感于杨振宁对物理学和数学的贡献，写了一首诗：

> 爱翁初启几何门，杨子始开大道深。
> 物理几何是一家，炎黄子孙跻西贤。

诗后作者还特意做了注释：爱因斯坦的广义相对论将物理释为几何，规范场论作成大道，令人鼓舞。

1992 年 7 月 9—10 日，中国台湾新竹清华大学为杨振宁校友七十寿辰举行国际学术会议。据华裔美国科学家顾毓琇教授（1902—2002）回忆说：在会上，陈省身教授盛赞杨振宁可与牛顿、麦克斯韦、爱因斯坦并列为四大物理学者。丁肇中博士从日内瓦来，报告十年以来高能实验证明杨氏学说之正确。

陈省身给予杨振宁极高的赞誉，有深刻的数学缘由。从 1986 年和 1990 年的菲尔兹奖（被誉为数学界的诺贝尔奖）的颁发，就可以清楚地看到这一点。

1986 年菲尔兹奖颁发给英国数学家唐纳森（Simon Donaldson，1957— ）。在介绍唐纳森的贡献时，文告上是这样写的：

> 唐纳森所采用的是全新的方法，这些方法来自于理论物理学，是以杨－米尔斯方程的形式出现的，……唐纳森的高明之处在于……他发现了全新的现象并证明了杨－米尔斯方程可以完美地用来研究与探索四维拓扑的结构。……唐纳森的成功取

决于他对杨－米尔斯方程的分析学有透彻的了解。

1990 年的国际数学家大会有四位菲尔兹奖获奖者：德林费尔德
（Vladimir G. Drinfeld，1955— ）、琼斯（Vaughan F. R. Jones，
1952— ）、森重文（Mori Shiefumi，1951— ）、威滕（Edward
Witten，1951— ）。他们四人的工作除了森重文以外，都和杨－
米尔斯方程或杨－巴克斯特方程（Yang-Baxter Equation）有关。

德林费尔德所做的先驱性工作，实际上是杨－米尔斯方程的解；
此后他在物理学上的兴趣，保持在杨－巴克斯特方程的研究上。

冯恩·琼斯的研究与杨－巴克斯特方程的解有关。

美国物理学家爱德华·威滕的研究与杨－米尔斯方程和杨－巴
克斯特方程有密切关系。早在 1978 年，威滕就对杨－米尔斯方程
做出过先驱性的研究，写出《经典杨－米尔斯理论的一个解释》（An
Interpretation of Classical Yang-Mills Theory），刊登在《物理快讯》
（*Physics Letters*）上。在 2005 年纪念杨－米尔斯理论诞生 50 周年时，
威滕写了一篇文章《在弱耦合中规范／弦的对偶性》，他写道："我
们在这篇文章中综述了微扰的杨－米尔斯理论的意料不到的简化，
由此激起一个想法……微扰的杨－米尔斯理论散射振幅起因于这
个弦理论的一种瞬子展开（instanton expansion）。"

由此可见，即使在当今最抽象、最前沿的弦理论中，杨－米尔
斯理论也有不可忽视的价值。

这种数学和物理学相互沟通、关联的局面在 19 世纪以前是比
较容易看清楚的，也为众多物理学家和数学家认可。但是到 19 世
纪末以后的半个多世纪的时间里，却出现了另一种景象：数学变
得越来越抽象。美国著名的数学家哈维·马歇尔·斯通（Harvey
Marshall Stone，1903—1989）是研究拓扑学和泛函分析的，杨振宁
在芝加哥大学读书的时候他正好是数学系的教授。斯通在 1961 年
写了一篇比较通俗的文章，文章里他写道："1900 年起数学跟我们

对于数学的一些观念，出现了非常重要的变化，其中最富革命性的发展是原来数学完全不涉及物理世界。……数学与物理世界完全没有关联。"

杨振宁提出的数学和物理学
"双叶理论"示意图

杨振宁指出，斯通说的"数学……出现了非常重要的变化"指的就是"越来越抽象"。他还补充说：他讲的这个话确实是当时数学发展的整个趋势。当时数学发展就是要研究一些数学结构之间互相的、非常美的、非常妙的关系，这是当时数学思想的主流。所以在 20 世纪的中叶，数学跟物理是完全分家了。

从物理学的历史上看，数学和物理学是同源的。两者之间关系紧密，相互之间一起发展，一起前进。无论是牛顿，还是麦克斯韦和爱因斯坦，都在发展自己的物理学理论的同时受益于数学的支持，而物理学的发展，也使得数学受益匪浅。但是到了 19 世纪末，数学变得越来越抽象。

杨振宁是当代物理学家中特别偏爱数学而且大量应用数学的少数物理学家之一，他曾经说过：

> 我的大多数物理学同事都对数学采取一种功利主义的态度。或许因为受父亲的影响，我比较欣赏数学。我欣赏数学的价值观念，我钦佩数学的美和力量；在谋略上，它充满了巧妙和纷杂；而在战略战役上则充满惊人的曲折。除此之外，最令人不可思议的是，数学的某些概念原来竟规定了统治物理世界的那些基本结构。

但是就连这样一位欣赏、钦佩数学的物理学家杨振宁，在 20 世纪 60 年代对当代数学也感到无法理解了。有一次杨振宁在韩国

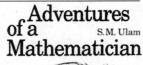

乌拉姆的自传
《一位数学家的遭遇》

的首尔做物理学演讲的时候说："有两种数学书：第一种是你看了第一页就不想看了，第二种是看了第一句话就不想看了。"当时在座的物理学家听了哄堂大笑。

杨振宁这样说也是事出有因。事情起因于当他得知规范场理论与数学上的纤维丛理论有关联时，他就打算自学这个数学理论，上面提到过，他找来斯廷罗德的《纤维丛的拓扑》来读，但是看不懂，上面从头到尾都是定义、定理和抽象的演绎，使人丈二和尚摸不着头脑，完全看不到活泼动人的实际背景。

杨振宁的笑话本是即兴之谈，却不料被一份数学杂志登了出来。数学界肯定会有人不高兴，认为数学本来就是抽象而又抽象的，否则什么是数学？杨振宁得知数学界的一些人的反对意见以后并不以为然，说："我相信还有许多数学家支持我，因为数学毕竟要让更多的人来欣赏，才会产生更大的效果。"

还有一个杨振宁讲的笑话，美国数学家乌拉姆（S. M. Ulam，1909—1984）在他的自传《一位数学家的遭遇》（*Adventures of a Mathematician*）里有记载：

诺贝尔奖获得者杨振宁讲过一个故事，说明了现在数学家和物理学家在认知方面的关系。一群人一天晚上来到某城，因为有衣服要洗，就上街去找洗衣店，找到一个橱窗里有"此处接受需洗衣物"招牌的地方，其中一个人就问："把我们的衣服给你们行吗？"店主说："不，我们这里不洗衣服。"客人问："怎么，你们橱窗里的招牌上不是写着吗？"回答是："这里是造招牌的。"这就有点像数学家的情形，数学家是制作招牌或者说记号的,并且希望自己制作的记号能适合一切可能发生的情况。不过,物理学家也创立过许多数学思想。

乌拉姆还问道:"我常常迷惑不解的是,数学家为什么不把狭义相对论推广为多种不同类型的'特殊相对论'(不是如现在熟知的广义相对论)。"

这种"老死不相往来"的隔离局面,在杨-米尔斯规范场理论和杨-巴克斯特方程出现以后,有了巨大的改观,引起了物理学与数学重新合作的新高潮。

现在数学家基本上一致认为:杨-米尔斯理论和杨-巴克斯特方程,都是现实世界所提出的一个非常基本的数学结构。俄罗斯数学家德林费尔德已经证明,由杨-巴克斯特方程可以导致霍普夫代数(Hopf algebra),进而衍生出其他数学分支。

人们认为,在对数学有重大贡献的物理学家中,继牛顿之后有傅里叶、麦克斯韦、爱因斯坦和狄拉克,及至当代则无疑是杨振宁。

数学与物理的关系,这个问题可不是很容易回答的问题,也可以说是至今还没有得出结论的问题。我在这儿做一讨论,显得有一些冒昧。但是从前面八个方程式的发现来看,方程式的确比提出方程式的物理学家要聪明一些,这肯定会让人感到惊讶和深思。

我个人的看法是,方程式作为数学的一种表达,它属于数学的范畴;而数学在我看来应该属于发现(discovery),而不应该是发明(invent)。在本书讨论的范围里,也就是说数学中的方程式本来就存在于大自然的某一深处,数学家或者物理学家经过艰巨的努力,终于发现了它。但是,当数学家或者物理学家发现它的时候,一时可能不会理解大自然的这种语言所隐含的奥秘,只有经过一番努力、讨论和争论之后,最后才逐渐发现那深处隐含的奥秘。

但是这种说法，至少数学家不会贸然同意，因为他们对于数学是发现还是发明，还在争论不休。在英国著名数学家约翰·查尔顿·珀金霍恩（John Charlton Polkinghorne）主编的《数学的意义》（*Meaning in Mathematics*）一书里，有一节是剑桥大学罗斯·鲍尔（Rose Ball）数学讲座教授高尔斯（Timothy Gowers）写的文章，题目就是："数学是一种发现还是一种发明？"文章里对两种观点都做了说明。最后鲍尔说：

> 当然，事情都有各种可能性。有些数学研究给人感觉像是发现，而另一些则更像是发明。到底哪些属于前者哪些属于后者，这并不总是容易说清楚……

因此我们在这儿更说不清楚，但是作为学习物理学的我，认为物理学中需要的数学应该是一种发现，而非发明。原因这儿就不能展开。如果我们认同数学只是一种发现，那么物理学中的数学方程式在被物理学家发现之时，一时"不识庐山真面目"，就不是一件奇怪的事情。因为庐山是座丘壑纵横、峰峦起伏的大山，游人所处的位置不同，看到的景物也各不相同。而且游人身在庐山之中，视野为庐山的峰峦所局限，看到的只是庐山局部的一峰一岭、一丘一壑，必然带有片面性。因此北宋著名诗人苏轼在《题西林壁》里写道：

> 横看成岭侧成峰，远近高低各不同。不识庐山真面目，只缘身在此山中。

这四句诗有着丰富的内涵，它启迪人们在为人处世上的一个哲理——由于人们所处的地位不同，看问题的出发点不同，对客观事物的认识难免有一定的片面性；要认识事物的真相与全貌，必须超越狭小的范围，摆脱主观成见。

游山所见如此，物理学里的研究也常如此。在大自然的深处有无数奥秘，科学家在经过常人所想不到的艰难发现大自然深处的奥秘之一——方程式——的时候，必然会因为"只缘身在此山中"而一时"不识庐山真面目"，不可能一时把所有奥秘看得那么清楚。

其外在结果就好像是方程式比物理学家更加聪明。其实，这只是认识物理学真理过程中必然的一种经历。

参考书目

1.《数学的意义》，〔英〕约翰·查尔顿·珀金霍恩主编，向真译，湖南科学技术出版社，2014

2.《大宇之形》，〔美〕丘成桐、史蒂夫·纳迪斯著，翁秉人、赵学信译，湖南科学技术出版社，2012

3.《上帝的方程式：爱因斯坦、相对论和膨胀的宇宙》，〔美〕阿米尔·D.阿克塞尔著，薛密译，上海译文出版社，2005

4.《科学及其编造》，〔美〕艾伦·查尔默斯著，蒋劲松译，上海科技教育出版社，2007

5.《数学的语言：化无形为可见》，〔美〕齐斯·德福林著，洪万生、洪赞天、苏意雯、英家铭译，广西师范大学出版社，2013

6.《当代大数学家画传》，〔美〕玛丽安娜·库克编，林开亮等译，上海科学技术出版社，2015

7.《杨振宁传》（增订版），杨建邺著，三联书店，2016

8.《华罗庚》（修订版），王元著，江西教育出版社，1999

9.《陈省身传》，张奠宙、王善平著，南开大学出版社，2011

10.《数学与数学人，丘成桐的数学人生》，季理真主编，浙江大学出版社，2006

11.《无法解出的方程——天才与对称》，〔美〕马里奥·利维奥著，王志标译，湖南科学技术出版社，2009

12.《天才引导的历程》，〔美〕威廉·邓纳姆著，苗锋译，中国对外翻译出版公司，1997

13.《数学大师，从芝诺到庞加莱》，〔美〕E. T. 贝尔著，徐源译，上海科技

教育出版社，2004

14.《千年难题，七个悬赏1000000美元的数学问题》，〔美〕基思·德夫林著，沈崇圣译，上海科技教育出版社，2006

15.《探求万物之理——混沌、夸克与拉普拉斯妖》，〔美〕罗杰·G.牛顿著，李香莲译，上海科技教育出版社，2000

16.《牛顿、爱因斯坦和相对论：改变世界的方程》，〔德〕哈尔拉德·弗里奇著，邢志忠、江向东、黄艳华译，上海科技教育出版社，2005

17.《改变世界的17个方程式》，〔英〕伊恩·史都华著，李政崇译，（台湾）商周出版，2013

18.《未来是定数吗？》，〔比〕伊利亚·普里戈金著，曾国屏译，上海科技教育出版社，2006

19.《牛顿传》，〔美〕詹姆斯·格雷克著，樊栩静译，高等教育出版社，2014

20.《麦克斯韦：改变一切的人》，〔英〕巴慈尔·马洪著，肖明译，湖南科学技术出版社，2011

21.《狄拉克：科学和人生》，〔丹〕赫尔奇·克劳著，肖明、龙芸、刘丹译，湖南科学技术出版社，2009

22.《量子怪杰保罗·狄拉克传》，〔英〕格雷姆·法米罗著，兰梅译，季燕江审校，重庆大学出版社，2015

23.《爱因斯坦：生活与宇宙》，〔美〕沃尔特·艾萨克森著，张卜天译，湖南科学技术出版社，2009

24.《爱因斯坦全传》，〔美〕丹尼斯·布莱恩著，杨建邺、李香莲译，高等教育出版社，2004

25.《正直者的困境：作为德国科学发言人的马克斯·普朗克》，〔德〕J.L.海耳布朗著，刘兵译，东方出版中心，1998

26.《物理学世界大国的统治者——从伽利略到海森伯》，〔德〕阿尔明·赫尔曼著，朱章才译，科学普及出版社，1992

27.《原子时代的先驱者：世界著名物理学家传记》，〔德〕弗里德里希·赫尔内克著，徐新民等译，科学技术文献出版社，1981

28.《从 X 射线到夸克——近代物理学家和他们的发现》，〔美〕埃米里奥·塞格雷著，夏孝勇等译，上海科学技术文献出版社，1984

29.《尼尔斯·玻尔》，〔美〕R. 穆尔著，暴永宁译，科学出版社，1982

30.《玻尔传》，杨建邺著，长春出版社，1999

31.《尼尔斯·玻尔传》，〔美〕阿伯拉罕·派斯著，戈革译，商务印书馆，2001

32.《海森伯传》，〔美〕大卫·C. 卡西第著，戈革译，商务印书馆，2002

33.《海森伯传》，王自华、桂起权著，长春出版社，1999

34.《薛定谔传》，沃尔特·穆尔著，班立勤译，中国对外翻译出版公司，2001

35.《寻找薛定谔的猫：量子物理和真实性》，〔英〕约翰·R. 格利宾著，张广才等译，海南出版社，2001

36.《基本粒子物理学史》，〔美〕阿伯拉罕·派斯著，关洪、杨建邺等译，武汉出版社，2002

37.《量子革命》，〔比〕雷昂·罗森菲耳德著，戈革译，商务印书馆，1991

38.《量子力学的基本概念》，关洪著，高等教育出版社，1990

39.《原子论的历史和现状》，关洪著，北京大学出版社，2006

40.《科学名著赏析·物理卷》，关洪主编，山西科学技术出版社，2006

41.《量子力学的丰碑——纪念德布罗意百年诞辰》，何祚庥、侯德彭主编，广西师范大学出版社，1994

42.《哥本哈根学派量子论考释》，卢鹤绂著，复旦大学出版社，1984

43.《我的一生：马克斯·玻恩自述》，〔德〕马克斯·玻恩著，陆浩等译，东方出版中心，1998

44.《我的一生和我的观点》，〔德〕马克斯·玻恩著，商务印书馆，1979

45.《新量子世界》，〔英〕安东尼·黑、帕特里克·沃尔特斯著，雷奕安译，湖南科学技术出版社，2005

46.《量子物理学：幻象还是真实》，〔英〕阿莱斯泰尔·雷著，唐涛译，江苏人民出版社，2000

47.《神奇的量子世界》，〔澳〕杰拉德·米尔本著，郭光灿等译，新华出版社，

2002

48.《量子世界》，〔英〕约翰·R.格利宾著，陈养正译，~~三联书店，2004~~

49.《神奇的粒子世界》，马替乌斯·维尔特曼著，丁亦兵~~，世界图书出~~ 版公司，2007

50.《科技王国的宙斯》，张端明著，湖北科学技术出版社，1998

51.《极微世界探世界》，张端明著，湖北科学技术出版社，2005

52.《量子实在与"薛定谔猫佯谬"》，李宏芳著，清华大学出版社，200~~6~~

53.《薛定谔的兔子：搞懂量子力学在变什么把戏》，〔英〕柯林·布鲁斯著，叶伟文译，（台湾）天下远见出版股份有限公司，2006

54.《物理学与电子学》，〔英〕迈克尔·汤普森主编，杨丁等译，中国青年出版社，2006

55.《量子》，高山著，清华大学出版社，2004

56.《量子论初期史（1899—1913）》，〔德〕阿尔明·赫尔曼著，周昌忠译，商务印书馆，1980

57.《霍金传》，杨建邺著，长春出版社，2006

58.《约翰·惠勒自传：物理历史与未来的见证者》，〔美〕约翰·惠勒、肯尼斯·福勒著，蔡承志译，汕头大学出版社，2004

59.《黑洞与时间的弯曲：爱因斯坦的幽灵》，〔美〕基普·S.索恩著，李泳译，湖南科学技术出版社，2000

60.《20世纪诺贝尔奖获奖者辞典》，杨建邺主编，武汉出版社，2001

61.《夸克与美洲豹》，〔美〕盖尔曼著，杨建邺、李香莲译，湖南科学技术出版社，2002

62.《莎士比亚、牛顿和贝多芬：不同的创造模式》，〔美〕钱德拉塞卡著，杨建邺、王晓明译，湖南科学技术出版社，2007

63.《环宇孤心——探索宇宙奥秘的故事》，〔美〕丹尼斯·奥弗比著，任华等译，中信出版社，2002

64.《抓住引力》，〔英〕贡德哈勒卡尔著，孙洪涛译，中国青年出版社，2007

65.《通向量子引力的三条途径》，〔美〕李·斯莫林著，李新洲等译，上海

科学技术出版社，2013

66.《大爆炸探秘——子物理学与宇宙学》，〔英〕约翰·格利宾著，卢矩甫译，
上海科技教育出版社，2000

67.《天地有大……现代科学之伟大方程》，〔英〕格雷厄姆·法米罗主编，涂泓、
吴俊……上海科技教育出版社，2006

68.《……斯坦相对论一〇〇年》，〔英〕安德鲁·罗宾逊编著，张卜天译，
……育科学技术出版社，2016